家具制造业清洁生产技术与管理

周长波　党春阁　郭亚静　著

中国环境出版集团·北京

图书在版编目（CIP）数据

家具制造业清洁生产技术与管理/周长波，党春阁，郭亚静著. —北京：中国环境出版集团，2020.11
ISBN 978-7-5111-4510-9

Ⅰ. ①家… Ⅱ. ①周…②党…③郭… Ⅲ. ①家具—生产工艺—无污染工艺 Ⅳ. ①TS664.05

中国版本图书馆 CIP 数据核字（2020）第 236583 号

出 版 人	武德凯
策划编辑	徐于红
责任编辑	王 菲
封面设计	岳 帅

出版发行　中国环境出版集团
　　　　　（100062　北京市东城区广渠门内大街 16 号）
　　　　　网　　　址：http://www.cesp.com.cn
　　　　　电子邮箱：bjgl@cesp.com.cn
　　　　　联系电话：010-67112765（编辑管理部）
　　　　　发行热线：010-67125803，010-67113405（传真）
印　　刷　北京中献拓方科技发展有限公司
经　　销　各地新华书店
版　　次　2020 年 11 月第 1 版
印　　次　2020 年 11 月第 1 次印刷
开　　本　787×960　1/16
印　　张　9
字　　数　125 千字
定　　价　36.00 元

中国环境出版集团郑重承诺：
中国环境出版集团合作的印刷单位、材料单位均具有中国环境标志产品认证。

《家具制造业清洁生产技术与管理》

著作委员会

主要著者　周长波　党春阁　郭亚静

参与著者（按姓氏拼音排序）

方　刚　韩桂梅　李子秀　林雨琛　赵　辉

前　言

家具是指用木材、金属、塑料、竹、藤、玻璃、石材等材料制作的,具有坐卧、储藏、间隔等功能,可用于住宅、旅馆、办公室、学校、餐馆、医院、剧场、公园、船舰、飞机、机动车等诸多场所的产品。根据《国民经济行业分类》(GB/T 4754—2017)规定,家具制造业可分为木质家具制造(C2110),竹、藤家具制造(C2120),金属家具制造(C2130),塑料家具制造(C2140),其他家具制造(C2190)5个子行业。

进入 21 世纪以来,我国家具制造业延续了蓬勃发展的势头,在原材料、产品工艺、设备先进化及技术水平方面均取得了较大进步。家具制造业已发展为我国重要的民生产业,在满足消费需求、充分吸纳就业和带动区域经济发展方面发挥了重要作用。同时,在国际上,我国家具制造业积极融入全球产业链,已成为国际家具产业链极为重要的组成部分。目前,全球家具主要出口国为中国、德国、意大利、波兰和美国,中国已发展为全球最大的家具生产国和出口国。

同时,我国家具制造业是典型的高污染低附加值、工艺相对落后、挥发性有机物(VOCs)排放较为严重的行业,已列为我国 VOCs 防治的重点行业。当前,行业集中度低,以小微型企业为主,企业的环保专业能力薄弱,生产过程无组织排放问题突出。在污染防治攻坚战背景条件下,如何改变行业当前管理粗放、污染防治水平低的局面,是每一个企业需要思考的问题。

清洁生产作为我国环境管理制度的重要内容之一,在工业行业环境污染预防中发挥了不容忽视的作用。在家具制造业中推行清洁生产技术和管理,不仅有助于企业持续改进生产工艺、提高资源能源利用率、降低生产成本、提高产品质量、减轻环境污染、降低废弃物处理费用等，也有助于减轻职业伤害、增强企业竞争力、突破绿色贸易壁垒，是解决企业自身环境问题的首选和实现家具制造业可持续发展的有效途径。

本书分析了家具制造业的发展现状及存在的问题，系统整理了行业政策法规、标准规范、技术指南等，在梳理行业产排污特征的基础上，提出了家具制造业全过程环境整治提升方案，并从源头削减、过程控制和末端治理三个方面分析汇总了行业清洁生产技术，为行业清洁生产技术推广应用和企业技术改造升级及污染防治水平提升提供参考，助力我国家具制造业节能减排和可持续发展。

本书由中国环境科学研究院清洁生产与循环经济中心周长波研究员、党春阁工程师、郭亚静工程师共同主持编写，周长波、党春阁、郭亚静、林雨琛负责全书统稿和整体修改工作。第1章"家具制造业发展现状及问题"，主要由方刚、林雨琛、赵辉编写；第2章"家具制造业政策标准及技术规范"，主要由李子秀、方刚、韩桂梅编写；第3章"家具制造业生产工艺及产排污分析"，主要由韩桂梅、郭亚静、林雨琛编写；第4章"家具制造业全过程环境整治提升方案"，主要由党春阁、郭亚静编写；第5章"家具制造业源头预防与替代技术"，主要由郭亚静、党春阁、林雨琛编写；第6章"家具制造业过程控制技术"，主要由党春阁、郭亚静、林雨琛编写；第7章"家具制造业末端治理技术"，主要由郭亚静、林雨琛、党春阁编写。

感谢张熙中教授（原林业部第三届科技委委员）在本书出版过程中提供的诸多建议和指导。

受水平所限，本书所做分析及技术案例介绍参考了诸多文献，书中不足之处在所难免，恳请广大读者批评指正。

作者

2020 年 7 月

目 录

1 / 家具制造业发展现状及问题

1.1 国外家具制造业发展现状

家具作为人类最早的创造物，是人类文化构成的重要组成部分，代表了一种文化形态，是物质文化和精神文化的结合；作为社会物质文化的一部分，是一个国家的经济和文化发展的产物，深刻反映着一个国家、一个民族的历史特点和文化传统。

近年来，世界家具制造业发展迅速。根据中投顾问发布的《2016—2020 年中国家具市场投资分析及前景预测报告》，2001 年世界家具总产值仅约为 2 000 亿美元，2006 年世界家具总产值增长至 2 700 亿美元，2009 年世界家具总产值便超过了 3 000 亿美元，而 2011 年世界家具总产值高达 4 100 亿美元，10 年时间，增长了一倍多。截至 2016 年，世界家具总产值约为 4 800 亿美元，其中发达国家的家具产值占据世界家具总产值的 39%，发展中国家的家具产值占据世界家具总产值的 61%。许多国家和地区的家具生产技术已达到了高度机械化和自动化水平，生产能力大大超过其国内市场需求，这极大地促进了国家间家具贸易的发展和专业化生产的分工。工业发达国家家具制造业的实力相对较强，如美国、日本及西欧多国（地区）在家具生产、技术和贸易中占据主导地位，同时也是家具产品的主要消费市场。

美国是世界第二大家具生产国，以生产设备高度自动化和专业化著称。2016 年美国家具产值约为 880 亿美元，占全球家具产值的 21%。同时，美国又是世界上最大的家具进口国，年进口额高达 350 亿美元，进口产品大多是民用木质家具。相较于产值和进口额而言，美国家具的出口额较少，仅 6.8 亿美元左右。其家具出口的最大市场是加拿大，其次是墨西哥和日本。

日本是亚洲第二大家具生产国。20 世纪 80 年代以来，随着日本人口增加、家庭结构改变以及西方生活方式的日益普及，日本家庭的家具需求量持续增长，促进了日本家具制造业的高速发展，大部分企业均实现了专业化生产。日本家具产品主要分"和式"和"西式"两大类，其中"西式"家具主要以人造板、实木、层积木、集成材为基材制成，因其效仿欧美风格，同时融合了日本民族传统特点，在日本更受欢迎。近年来日本已由家具出口国转变为进口国，家具进口量增长较快，家具进口主要来自欧洲和东南亚。

德国是西欧最大的家具生产国，其家具制造业在欧洲颇有影响，尤其是木工机械业。目前，德国有 260 多家木工机械厂，擅长生产大型化、系统化的设备，技术水平和产品质量高，是世界上最大的木工机械制造者和出口商，领先于意大利、日本和美国，产品出口到 160 多个国家和地区。

意大利是西欧第二大家具生产国，仅次于德国。意大利家具做工精细、造型优美、实用美观，美感与舒适统一，是 20 世纪家具设计中最优美与最精彩的组合，代表了当今世界家具的潮流。意大利家具制品主要销往欧美、中东、北非等地区。近年来，意大利家具厂家纷纷到亚洲投资建厂，并推出多种适合亚洲市场的家具新产品。意大利是世界上第二大木工机械生产国，也是现代家具制造业的先驱。

法国是继德国、意大利之后的西欧第三大家具生产国。近年来，法国家具产量逐渐上升，民用家具占的比重最大，其中厨房家具增长最快。法国也是世界上家具进口额较大的国家，年进口总额达 10 亿美元以上。

新加坡的家具制造业十分发达，已成为东南亚家具制造中心和出口中心。新加坡虽然森林资源贫乏，家具的原材料、零部件均依赖于进口，但其家具制造业通过转口贸易得以发展。新加坡出口家具最多的国家是日本，其次是美国。新加坡的家具进口来源主要是马来西亚、意大利、德国和中国等。近年来，新加坡家具制造业已主要向海外发展，在中国大陆建立了许多家具制造厂和家具制造工业园。

韩国家具制造业的起步依赖于当代西方家具的流行。近年来，韩国加快引进技术和设备的步伐，取代了手工生产方式，扩大了海外市场。其家具多为仿制意大利等国外款式，大量销往国外，主要出口市场是美国和日本。随着韩国国内市场的扩展和国际市场的开辟，预计其家具制造业将保持强劲发展势头。

北欧的瑞典、挪威、丹麦、芬兰四国的家具制造业以其周密的设计、精湛的工艺和简朴实用的特点而闻名全世界，而且因为其高生产效率和价格竞争优势，在世界各地享有较高的信誉，生产和出口逐年上升。丹麦家具是其中的突出代表，年出口家具达 15 亿美元，其出口市场主要为德国、瑞典和美国，大部分为自装配家具和实木家具，出口与进口比为 500%。瑞典家具也很闻名，其出口额逐年上升，达 6.75 亿美元以上，其中在欧洲市场约占 86%，美国约占 10%，亚洲约占 4%。目前，瑞典正在扩大在亚洲的家具市场。

东欧的罗马尼亚、保加利亚、匈牙利、波兰、捷克等国自 20 世纪 70 年代以来，为了发展家具制造业，先后采取措施大力引进西方的先进技术与设备新建或扩建家具企业，同时扩大了人造板的生产和应用，使家具生产进一步集中，家具制造业的组织结构和部门内的专业化分工协作趋于完善。目前，其家具制造业已具有一定的生产规模和出口市场。原苏联各国资源丰富，原木和板材的出口量大，但家具成品的出口相对较少，其家具款式和品种比较单一，国内消费量和市场需求量较大，需要进口大量家具，有着较大的市场潜力。

1.2 我国家具制造业发展历史及现状

1.2.1 我国家具制造业发展历史

中国是一个历史悠久的文明古国，家具历史更是源远流长，在漫漫的历史长河中，形成了独具中国特色的家具艺术，创造了辉煌灿烂的中国家具文化。作为整个民族文化艺术宝库中的重要组成部分，几千年来我国家具制造历经盛衰，在不断发展创新的过程中，逐渐形成了一个个各具风格的独特形象，尤其是明清时期的家具，更是世界家具史上的瑰宝。自古以来，中国家具深刻地反映出当时的生产发展、生活习俗、思想情感和审美意识，对东西方许多国家都产生过不同程度的影响，其艺术成就在世界家具体系中占有重要地位。

从商周到秦汉，该时期的家具以席地跪坐方式为主，大多数以席和床为起居中心。经历了夏、商、周、秦直至汉、魏后都没有很大改变，几个朝代所用家具都极为低矮。该时期以漆式家具为主要代表，另外还有玉家具、竹家具、陶质家具等，并形成了席地起居完整组合形式的家具系列，可视为中国低矮型家具的代表时期。

从魏晋南北朝到隋唐五代（3—10 世纪）是我国家具由低型向高型发展的转变时期，也就是席地而坐和垂足坐并存交替的历史时期。从西晋时起，跪坐的礼节观念渐渐淡薄；至南北朝，垂足坐渐渐流行高型坐具。盛唐以后，因垂足而坐的方式由上层阶级开始逐渐遍及全国，家具也逐渐由原来的低矮型向高型化发展，这是我国家具发展史上的重要转折。汉唐时期，中国家具的基本形制都已经确定，除了以前的床、架、屏、箱、柜、案几，又出现了椅、桌与橱。这一切的形成，要比西洋家具早得多。

我国家具艺术发展到明、清时期，家具的各种类型和品种都已齐备，以匠木家具为代表的明式家具是中国古代家具发展的最高峰，在艺术造型、工艺技巧和实用功能等方面都日臻完美，形成了举世闻名的明式家具风格。清代早期家具基本上继承了明代家具的风格，变化不大。

1949 年之前，我国家具生产以手工制造方式为主，存在极少量引进的国外家具制造设备，自主研制生产能力极度匮乏。20 世纪上半叶，随着东西方交流加速，西方先进家具制造设备与工艺传入中国。最早进入中国的是木工制材类的设备与技术，随后西方家具业者进入中国，他们带来西方风格的家具，也带来了先进家具制造设备。中国的家具业者开始顺应市场的需求，涉足西方风格家具的设计与制造，并开始采用西方现代家具制造机械与设备。此时中国还没有自主生产现代家具制造设备的能力，所采用的机械设备基本从英国、日本、德国和苏联引进。发展至1949年，全国能生产家具木工机械产品的企业不足10家，如华隆机器铁工厂和牡丹江机械工作所等，生产的产品也较为简单，主要生产圆锯机、带锯机、圆管车床等产品，生产设备陈旧简陋，技术水平落后，生产规模也很小。

1949年之后，家具生产前期以手工制造为主，后逐渐半机械化，家具制造设备引进与创新并重，自主研制能力逐渐加强。中华人民共和国成立后，中国开始对家具制造业进行社会主义改造，家具制造业发展势头良好，同时也开展了对家具木工机械设备制造企业的建设和投入。初期仍然以凿、锯、斧等手工工具为主，进入20世纪60年代后，制材行业开始大面积使用木工机械设备，但在家具生产中仍以手工操作为主，单机加工为辅。进入70年代后，部分手工工序已经被机械加工代替，并逐步使用了电动压刨、电动打眼机等设备。发展到70年代末，中国家具制造业的机械化率已经达到四成左右。

1978年改革开放后，中国的人造板（尤其是胶合板、刨花板和纤维板）得到了长足的发展，带来了板式家具加工技术与设备的迅速发展。中国家具制造业发生了深刻巨大的变化。首先，确立了加快板式家具发展的政策导向，1975年，轻工业部组织工程技术人员对国外资料进行研究后，决定从根本上改革家具的工艺结构，并为此召开了多次全国性的专业会议。1978年，轻工业部制定了《1978—1985年家具工业科学技术发展规划草案》，提出了"发展板式结构，改革传统工艺，实现先油漆后组装"的技术政策，并且确定了一批与板式家具有关的科研项目，同时开始了家具加工技术与设备的引进。国外先进的家具生产设备与技术的引进，大大简化了工艺流程，提高了零部件的标准化、系列化和通用化程度。

20世纪90年代后，随着中国家具制造业在加快向市场经济转变的进程中迅猛发展，家具加工技术与设备发展也呈现突飞猛进态势。至20世纪末，中国家具生产技术基本达到机械化，部分设备形成信息化加工能力，非木质家具加工技术与设备发展加快。家具木工机械设备制造行业本身也取得较快的发展，建立起从教育、研发、生产到销售的完整体系。

1.2.2 我国家具制造业发展现状

在行业发展规模方面，2018 年我国家具制造业产量为 75 778.6 万件，主营业务收入达 7 081.7 亿元，同比增长 4.5%；行业利润总额达到 425.9 亿元，同比增长 4.3%；出口额达 537 亿美元，同比增长 7.6%。

在企业数量方面，2015—2018 年，我国规模以上各类型家具企业数量如表 1-1 所示。自 2015 年起，我国规模以上家具制造企业数量呈现出逐年增加的态势，行业发展规模总体向好。

表 1-1　2015—2018 年规模以上各类型家具企业数量　　　　　　单位：家

企业类型	2015 年	2016 年	2017 年	2018 年
木质家具制造企业	3 431	3 606	3 931	4 156
金属家具制造企业	931	951	998	1 025
塑料家具制造企业	92	94	91	94
竹、藤家具制造企业	88	104	114	113
其他家具制造企业	748	806	866	912
总计	5 290	5 561	6 000	6 300

2018 年，我国家具制造业企业总数量约 5 万家，规模以上企业有 6 300 家，主要集中在广东、江西、浙江、山东、河南、四川、安徽、江苏和上海等地。其中，木质家具制造企业 4 156 家（占 66.0%），金属家具制造企业 1 025 家（占 16.3%），塑料家具制造企业 94 家（占 1.5%），竹、藤家具制造企业 113 家（占 1.8%），其他家具制造企业 912 家（占 14.5%），如图 1-1 所示。

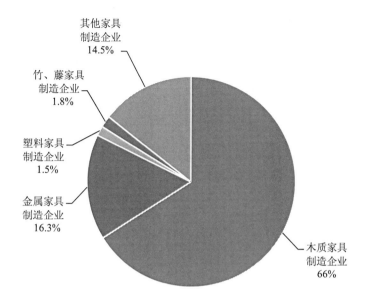

图 1-1　2018 年家具制造各子行业规模以上企业占比情况

1.2.3　我国五大家具制造产业区概况

　　中国目前有五大家具制造产业区，分别为珠江三角洲家具产业区、长江三角洲家具产业区、环渤海家具产业区、东北家具产业区、西部家具产业区，这五大家具制造产业区集中了中国 90%的家具产能。前 4 个家具产业区在我国东部沿海地区由南向北分布，家具出口生产企业和大型生产企业集中，是供应我国市场和家具出口的主要地区。西部地区家具产业区主要面向国内市场。

　　在五大家具制造产业区中，华南和华东产业区是产量最大、出口额最高的两个主要产业区，广东省和浙江省是我国家具的生产大省和出口大省。广东省家具企业有 6 000 余家，从业人数 100 多万人。改革开放以来，广东省佛山市顺德区建立了家具生产、配套、销售的重要基地，乐从镇成为我国最大的家具集散地，龙江镇成为生产家具和配套材料的家具生产重镇。浙江省有家具企业 2 600 余家，雇员数 25 万人，近年来涌现出一批大型家具企业，在国内外都有广泛的影响。

五大产业区各有特色：以珠江三角洲为中心的华南家具产业区，具有产业集群、产业供应链和品牌优势；以长江三角洲为中心的华东家具产业区，具有产品质量和经营管理的优势；以环渤海地区为中心的华北家具产业区，具有企业规模和市场需求优势；以东北老工业基地为中心的东北家具产业区，具有实木家具生产和木材资源优势；以成都为中心的西部家具产业区，具有供应三级市场产品的优势。

（1）珠江三角洲家具产业区

以广州、深圳、东莞、佛山等广东省地区为中心的珠江三角洲家具产业区，是国内最大的家具产业区。这一地区毗邻港澳，劳动力资源丰富，家具制造起步较早，产业集群多、产业供应链完整、销售市场发达、品牌优势明显。家具产值占全国的1/3，产品多出口到美洲市场。

广东是全国领先的家具产销地，其充分利用自身优势，运用现代信息技术，不断提高家具行业的技术水平，保持行业的生产、销售优势，将佛山市顺德区打造成了家具生产、销售、配套、批发一体化基地，乐从镇成为南方地区比较大的家具集散地，龙江镇成为生产家具和配套材料的家具生产重镇。

（2）长江三角洲家具产业区

以江苏、浙江、上海一带为中心的长江三角洲，是家具制造产业增速最快的地区。该地区信息发达，交通便利，地区文化积淀深厚，制造产业基础较好，人才相对集中。家具市场容量较大，产品质量、档次较高，企业经营管理良好。家具产值占全国的1/3，以外销为主，欧美是其主要出口市场。

以浙江为例，近年该省家具行业呈现出规模扩大迅速、结构调整突出、块状格局明显、销售模式丰富、品牌意识增强五大特点，并形成了杭州的办公家具、萧山的出口户外家具、温州的现代板式家具、玉环的欧式古典家具、安吉的转椅、绍兴的软床垫、义乌和湖州的红木传统家具、宁波的橱柜家具、海宁的出口沙发家具和嘉善的出口实木家具等具有区域性特色的产业区域。

（3）环渤海家具产业区

以北京为中心，以天津、河北、山东等地为依托，在整个环渤海经济圈进行发展。这个地区家具制造历史久远、资源丰富、地理位置优越。家具企业规模和消费群体较大，成熟的家具专业销售市场和家具营销企业集中，产业链日趋完善，产品主要为内销。

产业区中河北的武邑明清家具大世界、香河家具城两个特色家具基地已经奠定了冀派家具在全国的地位，尤其武邑明清家具大世界主打的老榆木古典家具质优价廉，享誉全国，热销东南亚。武邑明清家具大世界有独特的区域优势，立足于本地 832 家古典家具生产厂家，构建了前店后厂、产销一体的对外平台，已然形成中国整个北方地区最大的古典家具集散地。据不完全统计，全国 90% 以上的老榆木古典家具都出自武邑各类型大中小生产企业，而武邑明清家具大世界更是利用家居卖场的品牌影响力，聚集产业资源、培育优秀企业、形成集群发展，从而提升了整体水平和竞争力。

（4）东北家具产业区

以沈大（沈阳和大连）沿线为主，辐射黑龙江等东北老工业基地，主要依靠大、小兴安岭丰富的木材资源和俄罗斯进口木材发展实木家具生产，实木家具企业的生产实力处于全国领先地位，集中向东北亚和欧洲市场出口，国内市场份额相对较少。

沈阳家具市场不仅是辽宁的家具集散地，也是全国在东北乃至内蒙古的集散地，实施"中国实木家具之都"的战略建构；大连庄河拥有全国最大的实木家具出口生产基地，初步形成集约化、集群化的发展业态，产品种类繁多、配套齐全；黑龙江已基本形成以哈尔滨、齐齐哈尔、佳木斯、伊春、七台河、牡丹江六市及周边地区为主导的家具制造工业群，建设起以实木家具、板式家具为主的多元化品种结构。

（5）西部家具产业区

以四川成都为重点发展地区，家具产品供应面向中西部三级市场。地方政将家具行业列为支柱型产业,加大扶持力度,除出台各项优惠政策外,还及时解决家具企业在征地、贷款、用工等方面的问题。该产业区成熟、便捷的物流基础等备受沿海企业青睐,加之随着内陆城市发展,家具需求不断扩大,使得当地家具行业在发展中逐步承接沿海地区的产业梯度转移,企业以物流优势获取市场份额,并制订了以产业园为强大基础的产业规划。

1.3　家具制造业发展面临的问题

从市场经济的角度来看,家具制造业应该是过去 30 年来竞争最为激烈的领域之一。但由于它的非标准化、门槛低和分散性特点,集中程度也较低。主营业务收入大于 2 000 万元的企业市场占比不及 30%,从营业收入来看,市场占比超过2%的企业凤毛麟角。"大、小、多、少"——大行业、小企业、公司多、份额少,成为这个行业的一大特征。从家具制造的角度来看,中国是"家具制造大国",但并非"家具制造强国",在人均产值、工业化水平等方面仍有许多的功课亟须补齐。总体来讲,家具制造业繁荣的外表下依然存在许多问题:

(1)产业集中度较低,缺少龙头企业

据中国家具协会统计,2018 年中国家具制造业共有约 5 万家企业,规模以上企业仅有 6 300 家,中小企业数量较多,行业集中度较低。中国家具制造业具有入行门槛低、业态模式简单的特点,现阶段家具企业依然呈现数量多、规模小、实力弱的特点,尚未形成一批具有一定市场份额的龙头企业。

(2)两化融合程度不够,与国际存在差距

中国家具制造业的工业化、信息化融合程度还十分有限,与国际尖端水平还存在一定差距。家具企业对两化融合在思想认识和技术水平上都存在不足,信息技术在家具的产品研发设计、生产管理、营销售后、物流输送等环节的应用还不够广泛。作为传统制造业,家具行业在两化融合的道路上还有很长的路要走。

（3）自主创新和装备自动化制造能力不足

中国家具企业大部分由中小型企业组成，受限于经济实力和经营策略，广大家具企业对新技术、新材料、新产品的研发投入都十分有限，家具行业整体研发创新能力亟须提升。另外，关键装备的自动化、智能化与家具制造强国相比还有不少差距，如激光封边机、自动化涂饰生产线、部分零部件加工设备等还需依赖进口。

（4）外贸成本优势减弱，应对问题能力不足

当前世界经济复苏疲软，国际市场复杂多变，我国家具制造业原材料价格不断上涨，劳动力成本不断提高，使成本优势逐渐弱化，一些国家凭借价格优势与中国竞争。同时，贸易摩擦案件频发，家具制造业应对贸易问题明显能力不足。

（5）行业大气污染治理标准技术体系不健全

目前，我国尚未出台家具制造业大气污染物排放国家标准。仅有《挥发性有机物无组织排放控制标准》（GB 37822—2019）为家具制造业挥发性有机物（VOCs）无组织排放和管控提供了依据，行业 VOCs 和颗粒物有组织排放仍缺乏具有时效性和针对性的国家标准依据。虽然，广东和天津等 10 个省（市）已出台了该行业相关地方排放标准，但多数仅针对 VOCs，只有北京、上海、重庆三地的标准涵盖了颗粒物等指标。其余省份企业废气排放仍然执行《大气污染物综合排放标准》（GB 16297—1996），该标准已发布 20 余年，与当前污染治理水平及国家环境管理和环境空气质量改善需求有较大的差距。此外，由于缺乏家具制造业污染治理工程相关技术规范，企业自身也缺乏废气治理技术和与设备相关的必要知识，导致企业盲目跟风选择现象突出，引发的环保问题不断。

（6）行业大气污染防控水平偏低

我国家具制造业污染防控水平偏低，主要表现在（以 VOCs 为例）：一是溶剂型涂料和溶剂型胶黏剂的替代使用率低，其中低 VOCs 含量涂料的使用率不足20%，远低于欧美发达国家 40%～60% 的水平；二是废气收集效率低，由于含 VOCs

原辅材料贮存使用操作不当、集气（尘）罩和管道的布局和风速设计不合理等问题，VOCs 及颗粒物无组织排放问题突出，致使废气收集率低；三是污染治理设施效能低，普遍使用低温等离子、光催化、光氧化等低效技术，且部分企业存在治理设施规模与生产规模不匹配、污染治理设施运行管理不够规范等问题，导致污染治理效能普遍偏低。

2 / 家具制造业政策法律法规标准及技术规范

2.1 家具制造业政策法律法规标准

2.1.1 家具制造业产业规划

（1）《轻工业发展规划（2016—2020 年）》（工信部规〔2016〕241 号）

《轻工业发展规划（2016—2020 年）》由工业和信息化部于 2016 年印发，用于指导我国"十三五"时期轻工业创新发展。家具制造业是我国轻工行业的重要分支，该文件对于家具制造业的发展规划也起到了重要的指导意义。其中，适用于家具制造业的主要内容如下：

推进产业组织结构调整。进一步优化企业兼并重组环境，支持家具等规模效益显著行业企业的战略合作和兼并重组，培育一批核心竞争力强的企业集团。激发中小企业创业创新活力，向"专、精、特、新、优"方向发展。

专栏 2-1　产业结构优化工程

1. 推动产业有序转移。建设产业转移合作示范区，推动有条件的轻工业由东部沿海向中西部地区有序转移，依托中西部地区产业基础和劳动力、资源等优势，推动重点产业承接发展。严格控制高耗能、高排放等落后产能向中西部转移。

2. 建设现代产业集群。加强对轻工特色区域和产业集群规划编制、产业升级、节能减排等工作的指导和支持，鼓励龙头企业加强技术开发和技术改造等，发挥其在产品开发、技术示范、信息扩散和销售网络中的带动作用，延伸产业链，全面带动和促进中小企业健康发展，培育一批具有特色和竞争力的现代产业集群。

3. 公共服务平台建设。在家具、家用电器等发展基础较好的产业集群，建立和完善一批公共服务平台。

家具工业。推动家具工业向绿色、环保、健康、时尚方向发展。加强新型复合材料、强化水性涂料等研发，加快三维（3D）打印、逆向工程等新技术在家具设计和生产中应用。重点发展传统实木家具、高品质板式家具、具有文化创意的竹藤休闲家具、环保健康儿童家具和具有特殊功能的老年人家具。促进互联网、物联网、智能家居、电子商务等与家具生产销售相结合，支持智能车间（工厂）建设，培育个性化定制新模式。推动家具工业与建筑业融合发展，推进全屋定制新型制造模式发展，促进企业提供整体解决方案，提高用户体验。引导中西部地区积极承接产业转移。

（2）《中国家具行业"十三五"发展规划》

《中国家具行业"十三五"发展规划》由中国家具协会于 2016 年发布。该规划总结了家具制造业发展现状和存在的问题，并提出了相关针对性建议，对于家具制造业的发展规划也具有重要的指导意义。其中主要内容包括但不限于：

坚持转型升级，促进两化融合。正确认识家具行业的发展现状，坚持推动产业结构的调整和优化升级。以科学发展观为指导，以先进技术为主要手段，引导家具产业向分工细化、协作紧密方向发展，加强家具行业与智能制造相结合，推进家具行业的技术改造，促进行业从高能耗向低能耗转变，从低附加值向高附加值升级，从粗放型向集约型过渡，推进信息化与工业化深度融合，持续提升家具行业的核心竞争力。

坚持绿色环保战略，促进生态文明建设。家具行业的长远发展需要树立科学的生态理念，立足当下，着眼未来，坚定不移地推行绿色环保战略。要着力解决行业发展与生态环境的矛盾，推动建立绿色发展产业体系。鼓励企业的设备改造和技术更新，注重生产过程的节能减排，推广新型的环保材料和可再循环材料的应用，释放节能环保设备和绿色家具产品的消费与投资需求，拉动行业绿色环保工程发展，促进行业生态文明建设与可持续发展。

促进产业集群发展，带动行业全面提升。加强家具产业集群建设工作，推动现有产业聚集区向产业集群的转型升级，进一步促进家具产业集群在数量和质量上的提升。以信息化技术强化集群内企业的产业关联度，促进企业群体的协同发展。充分发挥产业集群在综合生产、商贸流通、特色产品等的区域优势和集聚效应，带动家具行业的全面提升。

2.1.2　家具制造业环保管理政策

（1）《大气污染防治行动计划》（国发〔2013〕37号）

《大气污染防治行动计划》由国务院于2013年印发，用于指导我国此后一段时间内各行业部门的大气污染防治行动。家具制造业是我国VOCs污染防治的重点工业行业之一，该文件适用于家具制造业的主要内容如下：

强化企业施治，企业是大气污染治理的责任主体，要按照环保规范要求，加强内部管理，增加资金投入，采用先进的生产工艺和治理技术，确保达标排放，甚至达到"零排放"，要自觉履行环境保护的社会责任，接受社会监督。

全面推行清洁生产。对重点行业进行清洁生产审核，针对节能减排关键领域和薄弱环节，采用先进适用的技术、工艺和装备，实施清洁生产技术改造；到2017年，重点行业排污强度比2012年下降30%以上。

推进挥发性有机物污染治理。在石化、有机化工、表面涂装、包装印刷等行业实施挥发性有机物综合整治，在石化行业开展"泄漏检测与修复"技术改造。限时完成加油站、储油库、油罐车的油气回收治理，在原油成品油码头积极开展油气回收治理。完善涂料、胶黏剂等产品挥发性有机物限值标准，推广使用水性涂料，鼓励生产、销售和使用低毒、低挥发性有机溶剂。

（2）《挥发性有机物（VOCs）污染防治技术政策》（环境保护部公告 2013 年 第31号）

《挥发性有机物（VOCs）污染防治技术政策》提出了生产 VOCs 物料和含 VOCs 产品的生产、储存、运输、销售、使用、消费各环节的污染防治策略和方法。该技术政策中的含 VOCs 产品使用过程污染源及涂装工业相关规定适用于家具制造业，主要内容如下：

（四）VOCs 污染防治应遵循源头和过程控制与末端治理相结合的综合防治原则。在工业生产中采用清洁生产技术，严格控制含 VOCs 原料与产品在生产和储运销过程中的 VOCs 排放，鼓励对资源和能源的回收利用；鼓励在生产和生活中使用不含 VOCs 的替代产品或低 VOCs 含量的产品。

（十）在涂装、印刷、黏合、工业清洗等含 VOCs 产品的使用过程中的 VOCs 污染防治技术措施包括：鼓励使用通过环境标志产品认证的环保型涂料、油墨、胶黏剂和清洗剂；根据涂装工艺的不同，鼓励使用水性涂料、高固体分涂料、粉末涂料、紫外光固化（UV）涂料等环保型涂料；推广采用静电喷涂、淋涂、辊涂、浸涂等效率较高的涂装工艺；应尽量避免无 VOCs 净化、回收措施的露天喷涂作业；含 VOCs 产品的使用过程中，应采取废气收集措施，提高废气收集效率，减少废气的无组织排放与逸散，并对收集后的废气进行回收或处理后达标排放。

末端治理与综合利用方面：

（十二）在工业生产过程中鼓励 VOCs 的回收利用，并优先鼓励在生产系统内回用。

（十四）对于含中等浓度 VOCs 的废气，可采用吸附技术回收有机溶剂，或采用催化燃烧和热力焚烧技术净化后达标排放。当采用催化燃烧和热力焚烧技术进行净化时，应进行余热回收利用。

（十五）对于含低浓度 VOCs 的废气，有回收价值时可采用吸附技术、吸收技术对有机溶剂回收后达标排放；不宜回收时，可采用吸附浓缩燃烧技术、生物技术、吸收技术、等离子体技术或紫外光高级氧化技术等净化后达标排放。

（十九）严格控制 VOCs 处理过程中产生的二次污染，对于催化燃烧和热力焚烧过程中产生的含硫、氮、氯等无机废气，以及吸附、吸收、冷凝、生物等治理过程中所产生的含有机物废水，应处理后达标排放。

（二十）对于不能再生的过滤材料、吸附剂及催化剂等净化材料，应按照国家固体废物管理的相关规定处理处置。

（3）《"十三五"生态环境保护规划》（国发〔2016〕65号）

《"十三五"生态环境保护规划》对我国"十三五"生态环境保护工作做出了总体规划，包含强化源头防控，夯实绿色发展基础；深化质量管理，大力实施三大行动计划；实施专项治理，全面推进达标排放与污染减排；实施全程管控，有效防范和降低环境风险；加大保护力度，强化生态修复；加快制度创新，积极推进治理体系和能力现代化；实施一批国家生态环境保护重大工程等七个方面的主要内容。其中关于工业涂装和家具制造 VOCs 污染防治相关内容如下：

重点地区、重点行业推进挥发性有机物总量控制，全国排放总量下降 10%以上。

完善挥发性有机物排放标准体系，严格执行污染物排放标准。

全面推进炼油、石化、工业涂装、印刷等行业挥发性有机物综合整治。重点推进石化、化工、油品储运销、汽车制造、船舶制造（维修）、集装箱制造、印刷、家具制造、制鞋等行业开展挥发性有机物综合整治。

控制重点地区重点行业挥发性有机物排放。全面加强石化、有机化工、表面涂装、包装印刷等重点行业挥发性有机物控制。细颗粒物和臭氧污染严重省份实施行业挥发性有机污染物总量控制，制定挥发性有机污染物总量控制目标和实施方案。强化挥发性有机物与氮氧化物的协同减排，建立固定源、移动源、面源排放清单，对芳香烃、烯烃、炔烃、醛类、酮类等挥发性有机物实施重点减排。涂装行业实施低挥发性有机物含量涂料替代、涂装工艺与设备改进，建设挥发性有机物收集与治理设施。京津冀及周边地区、长三角地区、珠三角地区,以及成渝、武汉及其周边、辽宁中部、陕西关中、长株潭等城市群全面加强挥发性有机物排放控制。

挥发性有机物综合整治。推动工业涂装和包装印刷行业挥发性有机物综合整治。

(4)《"十三五"节能减排综合工作方案》(国发〔2016〕74号)

2016年,国务院发布《"十三五"节能减排综合工作方案》,明确了"十三五"节能减排工作的主要目标和重点任务,对全国节能减排工作进行全面部署。其中关于家具、工业涂装、涂料、胶黏剂等的相关规定如下:

推进工业污染物减排。实施工业污染源全面达标排放计划。加强工业企业无组织排放管理。严格执行环境影响评价制度。实行建设项目主要污染物排放总量指标等量或减量替代。建立以排污许可制为核心的工业企业环境管理体系。继续推行重点行业主要污染物总量减排制度,逐步扩大总量减排行业范围。以削减挥发性有机物、持久性有机物、重金属等污染物为重点,实施重点行业、重点领域工业特征污染物削减计划。全面实施燃煤电厂超低排放和节能改造,加快燃煤锅炉综合整治,大力推进石化、化工、印刷、工业涂装、电子信息等行业挥发性有机物综合治理。

全面推进现有企业达标排放,研究制修订农药、制药、汽车、家具、印刷、集装箱制造等行业排放标准,出台涂料、油墨、胶黏剂、清洗剂等有机溶剂产品挥发性有机物含量限值强制性环保标准,控制集装箱、汽车、船舶制造等重点行业挥发性有机物排放,推动有关企业实施原料替代和清洁生产技术改造。加强工业企业环境信息公开,推动企业环境信用评价。建立企业排放红黄牌制度。

(5)《"十三五"挥发性有机物污染防治工作方案》(环大气〔2017〕121号)

2017年,环境保护部、国家发展改革委等六部委联合出台了《"十三五"挥发性有机物污染防治工作方案》,规定了工业源、交通源、生活源等各项VOCs污染源的污染防治主要任务。其中,关于家具制造、工业涂装、涂料和胶黏剂等的相关内容如下：

家具制造业重点针对木质家具等大力推广使用水性、紫外光固化等低挥发性涂料，到 2020 年年底前，替代比例达到 60% 以上；全面使用水性胶黏剂，到 2020 年年底前，替代比例达到 100%。在平面板式木质家具制造领域，推广使用自动喷涂或辊涂等先进工艺技术。加强废气分类收集与处理，有机废气收集效率不低于 80%，对喷漆、烘干废气要采取焚烧等末端治理措施。

通过上述措施，木质家具制造企业 VOCs 综合去除率达到 50% 以上。

涂料行业重点推广水性涂料、粉末涂料、高固体分涂料、无溶剂涂料、辐射固化涂料（UV 涂料）等环境友好型涂料。胶黏剂行业要加快推广水基型、热熔型、无溶剂型、紫外光固化型、高固含量型及生物降解型等产品。

2017 年年底前，3 400 家木质家具生产企业完成低挥发性涂料替代、低 VOCs 排放涂装工艺改造及末端治理工程建设。位于重点地区的企业，应加快工程实施进度。

（6）《中华人民共和国大气污染防治法》（2018 年修订）

《中华人民共和国大气污染防治法》由全国人民代表大会常务委员会于 1987 年 9 月 5 日发布，于 2018 年进行了第二次修正。该法律是我国大气污染防治领域最为重要的法律之一。该法律适用于家具制造业的主要内容如下：

工业涂装企业（含家具制造企业）应当使用低挥发性有机物（VOCs）含量的涂料，并建立台账（保存期限不得少于三年），用来记录生产原料、辅料的使用量、废弃量、去向以及 VOCs 含量；若使用含 VOCs 的原材料和产品时，其 VOCs 含量应当符合质量标准或者要求，并且鼓励生产使用低毒、低挥发性有机溶剂；对于产生含 VOCs 废气的生产和服务活动，应在密闭空间或者设备中进行，并按照规定安装、使用污染防治设施，若活动空间无法密闭，则应采取措施减少废气排放。

（7）《打赢蓝天保卫战三年行动计划》（国发〔2018〕22 号）

为全面贯彻党的十九大和十九届二中、三中全会精神，认真落实党中央、国务院决策部署和全国生态环境保护大会要求，加快改善环境空气质量，打赢蓝天保卫战，2018 年，国务院印发《打赢蓝天保卫战三年行动计划》，从调整优化产业结构、推进产业绿色发展和实施重大专项行动、大幅降低污染物排放等多个方面制定了细化政策。其中关于"散乱污"企业、涂装工业污染治理、重污染天气应急等的相关内容适用于家具制造业，如下：

强化"散乱污"企业综合整治。全面开展"散乱污"企业及集群综合整治行动。根据产业政策、产业布局规划，以及土地、环保、质量、安全、能耗等要求，制定"散乱污"企业及集群整治标准。实行拉网式排查，建立管理台账。按照"先停后治"的原则，实施分类处置。列入关停取缔类的，基本做到"两断三清"（切断工业用水、用电，清除原料、产品、生产设备）；列入整合搬迁类的，要按照产业发展规模化、现代化的原则，搬迁至工业园区并实施升级改造；列入升级改造类的，树立行业标杆，实施清洁生产技术改造，全面提升污染治理水平。建立"散乱污"企业动态管理机制，坚决杜绝"散乱污"企业项目建设和已取缔的"散乱污"企业异地转移、死灰复燃。京津冀及周边地区 2018 年年底前全面完成；长三角地区、汾渭平原 2019 年年底前基本完成；全国 2020 年年底前基本完成。

推进重点行业污染治理升级改造。重点区域二氧化硫、氮氧化物、颗粒物、挥发性有机物（VOCs）全面执行大气污染物特别排放限值。

实施 VOCs 专项整治方案。制定工业涂装等 VOCs 排放重点行业和油品储运销综合整治方案，出台泄漏检测与修复标准，编制 VOCs 治理技术指南。重点区域禁止建设生产和使用高 VOCs 含量的溶剂型涂料、油墨、胶黏剂等项目。开展 VOCs 整治专项执法行动，严厉打击违法排污行为，对治理效果差、技术服务能力弱、运营管理水平低的治理单位，公布名单，实行联合惩戒，扶持培育 VOCs 治理和服务专业化、规模化龙头企业。2020 年，VOCs 排放总量较 2015 年下降 10%以上。

制定完善重污染天气应急预案。提高应急预案中污染物减排比例，黄色、橙色、红色级别减排比例原则上分别不低于 10%、20%、30%。细化应急减排措施，落实到企业各工艺环节，实施"一厂一策"清单化管理。

重点区域实施秋冬季重点行业错峰生产。加大秋冬季工业企业生产调控力度，各地针对高排放行业，制定错峰生产方案，实施差别化管理。要将错峰生产方案细化到企业生产线、工序和设备，载入排污许可证。企业未按期完成治理改造任务的，一并纳入当地错峰生产方案，实施停产。

（8）《排污许可证申请与核发技术规范　家具制造工业》（2019 年第 21 号公告）

《排污许可证申请与核发技术规范　家具制造工业》由生态环境部于 2019 年发布，规定了家具制造排污单位排污许可证申请与核发的基本情况填报要求、许可排放限值确定、合规判定的方法以及自行监测、环境管理台账与排污许可证执行报告等环境管理要求，提出了家具制造工业污染防治可行技术要求。该规范用于指导家具制造排污单位在全国排污许可证管理信息平台填报相关申请信息和指导核发机关审核确定排污单位排污许可证许可要求。

（9）《重点行业挥发性有机物综合治理方案》（环大气〔2019〕53 号）

为贯彻落实《中共中央　国务院关于全面加强生态环境保护坚决打好污染防治攻坚战的意见》《国务院关于印发打赢蓝天保卫战三年行动计划的通知》有关要求，深入实施《"十三五"挥发性有机物污染防治工作方案》，提高挥发性有机物（VOCs）治理的科学性、针对性和有效性，生态环境部于 2019 年印发了《重点行业挥发性有机物综合治理方案》，详细规定了各 VOCs 污染源项综合治理的重点工作任务、重点区域范围、重点控制的 VOCs 物质、VOCs 治理台账记录要求及工业企业 VOCs 治理检查要点等。此外，方案中还提出了对 VOCs 收集和治理进行差异化管控的思路。方案中关于家具制造、工业涂装、涂料、胶黏剂的相关规定如下：

大力推进源头替代。通过使用水性、粉末、高固体分、无溶剂、辐射固化等低 VOCs 含量的涂料，水性、辐射固化、植物基等低 VOCs 含量的油墨，水基、热熔、无溶剂、辐射固化、改性、生物降解等低 VOCs 含量的胶黏剂，以及低 VOCs

含量、低反应活性的清洗剂等，替代溶剂型涂料、油墨、胶黏剂、清洗剂等，从源头减少 VOCs 产生。工业涂装、包装印刷等行业要加大源头替代力度；化工行业要推广使用低（无）VOCs 含量、低反应活性的原辅材料，加快对芳香烃、含卤素有机化合物的绿色替代。企业应大力推广使用低 VOCs 含量木器涂料、车辆涂料、机械设备涂料、集装箱涂料以及建筑物和构筑物防护涂料等，在技术成熟的行业，推广使用低 VOCs 含量油墨和胶黏剂，重点区域到 2020 年年底前基本完成。鼓励加快低 VOCs 含量涂料、油墨、胶黏剂等研发和生产。

加强政策引导。企业采用符合国家有关低 VOCs 含量产品规定的涂料、油墨、胶黏剂等，排放浓度稳定达标且排放速率、排放绩效等满足相关规定的，相应生产工序可不要求建设末端治理设施。使用的原辅材料 VOCs 含量（质量比）低于 10%的工序，可不要求采取无组织排放收集措施。

全面加强无组织排放控制。重点对含 VOCs 物料（包括含 VOCs 原辅材料、含 VOCs 产品、含 VOCs 废料以及有机聚合物材料等）储存、转移和输送、设备与管线组件泄漏、敞开液面逸散以及工艺过程等五类排放源实施管控，通过采取设备与场所密闭、工艺改进、废气有效收集等措施，削减 VOCs 无组织排放。

加强设备与场所密闭管理。含 VOCs 物料应储存于密闭容器、包装袋、高效密封储罐、封闭式储库、料仓等。含 VOCs 物料转移和输送，应采用密闭管道或密闭容器、罐车等。高 VOCs 含量废水（废水液面上方 100 mm 处 VOCs 检测浓度超过 200 ppm①，其中，重点区域超过 100 ppm，以碳计）的集输、储存和处理过程，应加盖密闭。含 VOCs 物料生产和使用过程，应采取有效收集措施或在密闭空间中操作。

推进使用先进生产工艺。通过采用全密闭、连续化、自动化等生产技术，以及高效工艺与设备等，减少工艺过程无组织排放。工业涂装行业重点推进使用紧凑式涂装工艺，推广采用辊涂、静电喷涂、高压无气喷涂、空气辅助无气喷涂、

---

① 1 ppm=1 μL/L。

热喷涂等涂装技术，鼓励企业采用自动化、智能化喷涂设备替代人工喷涂，减少使用空气喷涂技术。

提高废气收集率。遵循"应收尽收、分质收集"的原则，科学设计废气收集系统，将无组织排放转变为有组织排放进行控制。采用全密闭集气罩或密闭空间的，除行业有特殊要求外，应保持微负压状态，并根据相关规范合理设置通风量。采用局部集气罩的，距集气罩开口面最远处的 VOCs 无组织排放位置，控制风速应不低于 0.3 m/s，有行业要求的按相关规定执行。

推进建设适宜高效的治污设施。企业新建治污设施或对现有治污设施实施改造，应依据排放废气的浓度、组分、风量、温度、湿度、压力，以及生产工况等，合理选择治理技术。鼓励企业采用多种技术的组合工艺，提高 VOCs 治理效率。低浓度、大风量废气，宜采用沸石转轮吸附、活性炭吸附、减风增浓等浓缩技术，提高 VOCs 浓度后净化处理；高浓度废气，优先进行溶剂回收，难以回收的，宜采用高温焚烧、催化燃烧等技术。油气（溶剂）回收宜采用冷凝+吸附、吸附+吸收、膜分离+吸附等技术。低温等离子、光催化、光氧化技术主要适用于恶臭异味等治理；生物法主要适用于低浓度 VOCs 废气治理和恶臭异味治理。非水溶性的 VOCs 废气禁止采用水或水溶液喷淋吸收处理。采用一次性活性炭吸附技术的，应定期更换活性炭，废旧活性炭应再生或处理处置。有条件的工业园区和产业集群等，推广集中喷涂、溶剂集中回收、活性炭集中再生等，加强资源共享，提高 VOCs 治理效率。

规范工程设计。采用吸附处理工艺的，应满足《吸附法工业有机废气治理工程技术规范》要求。采用催化燃烧工艺的，应满足《催化燃烧法工业有机废气治理工程技术规范》要求。采用蓄热燃烧等其他处理工艺的，应按相关技术规范要求设计。

实行重点排放源排放浓度与去除效率双重控制。车间或生产设施收集排放的废气，VOCs 初始排放速率大于等于 3 kg/h、重点区域大于等于 2 kg/h 的，应加大控制力度，除确保排放浓度稳定达标外，还应实行去除效率控制，去除效率不低于 80%；采用的原辅材料符合国家有关低 VOCs 含量产品规定的除外，有行业排放标准的按其相关规定执行。

推行"一厂一策"制度。各地应加强对企业帮扶指导，对本地污染物排放量较大的企业，组织专家提供专业化技术支持，严格把关，指导企业编制切实可行的污染治理方案，明确原辅材料替代、工艺改进、无组织排放管控、废气收集、治污设施建设等全过程减排要求，测算投资成本和减排效益，为企业有效开展 VOCs 综合治理提供技术服务。重点区域应组织本地 VOCs 排放量较大的企业开展"一厂一策"方案编制工作，2020 年 6 月底前基本完成；适时开展治理效果后评估工作，各地出台的补贴政策要与减排效果紧密挂钩。鼓励地方对重点行业推行强制性清洁生产审核。

加强企业运行管理。企业应系统梳理 VOCs 排放主要环节和工序，包括启停机、检维修作业等，制定具体操作规程，落实到具体责任人。健全内部考核制度。加强人员能力培训和技术交流。建立管理台账，记录企业生产和治污设施运行的关键参数，在线监控参数要确保能够实时调取，相关台账记录至少保存三年。

工业涂装 VOCs 综合治理。加大汽车、家具、集装箱、电子产品、工程机械等行业 VOCs 治理力度，重点区域应结合本地产业特征，加快实施其他行业涂装 VOCs 综合治理。

针对工业涂装相关行业，强化源头控制，加快使用粉末、水性、高固体分、辐射固化等低 VOCs 含量的涂料替代溶剂型涂料。木质家具制造大力推广使用水性、辐射固化、粉末等涂料和水性胶黏剂；金属家具制造大力推广使用粉末涂料；软体家具制造大力推广使用水性胶黏剂。

加快推广紧凑式涂装工艺、先进涂装技术和设备。木质家具推广使用高效的往复式喷涂箱、机械手和静电喷涂技术。板式家具采用喷涂工艺的，推广使用粉末静电喷涂技术；采用溶剂型、辐射固化涂料的，推广使用辊涂、淋涂等工艺。

有效控制无组织排放。涂料、稀释剂、清洗剂等原辅材料应密闭存储，调配、使用、回收等过程应采用密闭设备或在密闭空间内操作，采用密闭管道或密闭容器等输送。除大型工件外，禁止敞开式喷涂、晾（风）干作业。除工艺限制外，原则上实行集中调配。调配、喷涂和干燥等 VOCs 排放工序应配备有效的废气收集系统。

推进建设适宜高效的治污设施。喷涂废气应设置高效漆雾处理装置。喷涂、晾（风）干废气宜采用吸附浓缩+燃烧处理方式，小风量的可采用一次性活性炭吸附等工艺。调配、流平等废气可与喷涂、晾（风）干废气一并处理。使用溶剂型涂料的生产线，烘干废气宜采用燃烧方式单独处理，具备条件的可采用回收式热力燃烧装置。

对涂装类企业集中的工业园区和产业集群，如家具、机械制造、电子产品、汽车维修等，鼓励建设集中涂装中心，配备高效废气治理设施，代替分散的涂装工序。对活性炭使用量大的工业园区和产业集群，鼓励地方统筹规划，建设区域性活性炭集中再生基地，建立活性炭分散使用、统一回收、集中再生的管理模式，有效解决活性炭不及时更换、不脱附再生、监管难度大的问题，对脱附的 VOCs 等污染物应进行妥善处置。

2.1.3 家具制造业清洁生产法律法规

（1）《中华人民共和国清洁生产促进法》（主席令第 54 号）（2012 年 7 月 1 日修订）

2012 年 2 月 29 日，《中华人民共和国清洁生产促进法》（主席令第 54 号）由第十一届全国人民代表大会常务委员会第二十五次会议修订通过，自 2012 年 7 月 1 日起实施。修订后的《清洁生产促进法》明确了应当实施强制性清洁生产审核的三种情形：

①污染物排放超过国家或者地方规定的排放标准，或者虽未超过国家或者地方规定的排放标准，但超过重点污染物排放总量控制指标的；

②超过单位产品能源消耗限额标准构成高耗能的；

③使用有毒、有害原料进行生产或者在生产中排放有毒、有害物质的。

家具制造业由于涉及有毒、有害原料使用，因此属于应当实施强制性清洁生产审核的范畴。

此外，《清洁生产促进法》也对企业在技术改造过程中应当采取的清洁生产措施进行了原则性的规定：

①采用无毒、无害或者低毒、低害的原料，替代毒性大、危害严重的原料；

②采用资源利用率高、污染物产生量少的工艺和设备，替代资源利用率低、污染物产生量多的工艺和设备；

③对生产过程中产生的废物、废水和余热等进行综合利用或者循环使用；

④采用能够达到国家或者地方规定的污染物排放标准和污染物排放总量控制指标的污染防治技术。

（2）《清洁生产审核办法》（2012 年第 38 号令）

随着《清洁生产促进法》（修订版）的实施，国家发展和改革委员会联合环境保护部修订并发布了《清洁生产审核办法》（国家发展和改革委员会、环境保护部令第 38 号），替代原《清洁生产审核暂行办法》。《清洁生产审核办法》对应当实施强制性清洁生产审核的三种情形进行了细化说明，进一步理顺了清洁生产审核管理机制。同样可以看出，家具制造业由于涉及有毒、有害原料使用，并且产生废漆渣等危险废物，因此属于应当实施强制性清洁生产审核的范畴。

第八条　有下列情形之一的企业，应当实施强制性清洁生产审核：（1）污染物排放超过国家或者地方规定的排放标准，或者虽未超过国家或者地方规定的排放标准，但超过重点污染物排放总量控制指标的；（2）超过单位产品能源消耗限额标准构成高耗能的；（3）使用有毒有害原料进行生产或者在生产中排放有毒有害物质的。其中有毒有害原料或物质包括以下几类：第一类，危险废物。包括列入《国家危险废物名录》的危险废物，以及根据国家规定的危险废物鉴别标准和鉴别方法认定的具有危险特性的废物。第二类，剧毒化学品，列入《重点环境管理危险化学品目录》的化学品，以及含有上述化学品的物质。第三类，含有铅、汞、镉、铬等重金属和类金属砷的物质。第四类，《关于持久性有机污染物的斯德哥尔摩公约》附件所列物质。第五类，其他具有毒性、可能污染环境的物质。

（3）《清洁生产审核评估与验收指南》（环办科技〔2018〕5号）

2018年，生态环境部联合国家发展和改革委员会配套《清洁生产审核办法》出台了《清洁生产审核评估与验收指南》（环办科技〔2018〕5号），为地方管理部门和企业开展清洁生产审核评估与验收提供了技术指导。家具制造企业在开展强制性清洁生产审核过程中，应遵从相关要求，以保障清洁生产审核工作开展的质量和成效。

第八条　清洁生产审核评估应包括但不限于以下内容：

（1）清洁生产审核过程是否真实，方法是否合理；清洁生产审核报告是否能如实客观反映企业开展清洁生产审核的基本情况等。

（2）对企业污染物产生水平、排放浓度和总量，能耗、物耗水平，有毒有害物质的使用和排放情况是否进行客观、科学的评价；清洁生产审核重点的选择是否反映了能源、资源消耗、废物产生和污染物排放方面存在的主要问题；清洁生产目标设置是否合理、科学、规范；企业清洁生产管理水平是否得到改善。

（3）提出的清洁生产中/高费方案是否科学、有效，可行性是否论证全面，选定的清洁生产方案是否能支撑清洁生产目标的实现。对"双超"和"高耗能"企业通过实施清洁生产方案的效果进行论证，说明能否使企业在规定的期限内实现污染物减排目标和节能目标；对"双有"企业实施清洁生产方案的效果进行论证，说明其能否替代或削减其有毒有害原辅材料的使用和有毒有害污染物的排放。

第十六条　清洁生产审核验收内容包括但不限于以下内容：

（一）核实清洁生产绩效：企业实施清洁生产方案后，对是否实现清洁生产审核时设定的预期污染物减排目标和节能目标，是否落实有毒有害物质减量、减排指标进行评估；查证清洁生产中/高费方案的实际运行效果及对企业实施清洁生产方案前后的环境、经济效益进行评估；

（二）确定清洁生产水平：已经发布清洁生产评价指标体系的行业，利用评价指标体系评定企业在行业内的清洁生产水平；未发布清洁生产评价指标体系的行业，可以参照行业统计数据评定企业在行业内的清洁生产水平定位或根据企业近三年历史数据进行纵向对比说明企业清洁生产水平改进情况。

（4）《工业绿色发展规划（2016—2020年）》（工信部规〔2016〕225号）

《工业绿色发展规划（2016—2020年）》（工信部规〔2016〕225号）明确提出：减少有毒有害原料使用。修订国家鼓励的有毒有害原料替代目录，引导企业在生产过程中使用无毒无害或低毒低害原料，从源头削减或避免污染物的产生，推进有毒有害物质替代。实施挥发性有机物削减计划，在涂料、家具等重点行业推广替代或减量化技术。

专栏2-2　绿色清洁生产推进工程

重点区域清洁生产水平提升行动。在京津冀、长三角、珠三角等重点区域实施大气污染重点行业清洁生产水平提升行动。

特征污染物削减计划。以挥发性有机物、持久性有机物、重金属等污染物削减为目标，围绕重点行业、重点领域实施工业特征污染物削减计划。

中小企业清洁生产推行计划。提升中小企业清洁生产技术研发应用水平，开展政府购买清洁生产服务试点，实施中小企业清洁生产培训计划。继续实施粤港清洁生产伙伴计划，在其他地区推广示范。

（5）家具制造业清洁生产评价指标体系

2019年，国家市场监督管理总局联合中国国家标准化管理委员会发布了《清洁生产评价指标体系　木家具制造业》（GB/T 37648—2019），规定了木质家具制造业的清洁生产评价指标体系、评价方法、指标解释与数据采集，用于指导木质家具制造企业的清洁生产审核、评估与评价。《清洁生产评价指标体系　木家具制造业》的主要技术内容如表2-1所示。

表2-1　《清洁生产评价指标体系　木家具制造业》（GB/T 37648—2019）

序号	一级指标	一级指标权重	二级指标	单位	二级指标权重	I级基准值 100	II级基准值 [80，100]	III级基准值 [60，80]
1	生产工艺及装备	13	淘汰落后设备，生产工艺执行情况	—	2	不使用国家明令淘汰的设备、工艺	不使用国家明令淘汰的设备、工艺	不使用国家明令淘汰的设备、工艺
			淘汰落后设备，生产工艺执行情况	—	2	主要生产设备85%及以上为国际先进水平	主要生产设备75%及以上为国际先进水平	主要生产设备60%及以上为国际先进水平
			设备完好率	%	1	≥98	≥93	≥90
			涂装　前处理	—	2	编制相关工艺文件并有效实施，符合《涂装作业安全规程　安全技术规范》（GB 14444—2006）的要求	编制相关工艺文件并有效实施	有计划并持续改进
			涂装　喷漆室	—	2	编制相关工艺文件并有效实施，符合《涂装作业安全规程　安全技术规范》（GB 14444—2006）的要求	编制相关工艺文件并有效实施	有计划并持续改进
2	资源能源消耗	12	木材综合利用率	%	3	≥70	≥60	≥50
			人造板利用率	%	2	≥93	≥90	≥85
			涂料利用率	%	3	≥75	≥70	≥65
			胶黏剂利用率	%	2	≥95	≥90	≥85
			万元产值综合能耗	kgce/万元	2	≤56	≤60	≤63
			采用清洁能源	%	3	100	≥80	≥60
3	资源综合利用	9	加工剩余物回收利用率	%	3	≥90	≥80	≥70

序号	一级指标	一级指标权重	单位	二级指标	二级指标	二级指标权重	I级基准值 100	II级基准值 [80, 100]	III级基准值 [60, 80]
4	污染物产生与排放	33	mg/m³ kg/h	大气污染物排放浓度和速率	颗粒物	2	符合《大气污染物综合排放标准》(GB 16297—1996) 的规定。企业所在地如有地方标准，执行地方标准规定		
					甲醛	2			
					甲苯	2			
					甲苯与二甲苯合计（苯系物合计）	2		实木家具	
					非甲烷总烃	2			
			mg/m³	作业环境有害因素	木粉尘	2	符合《工作场所有害因素职业接触限值 第1部分：化学有害因素》(GBZ 2.1—2019) 的规定。企业所在地如有地方标准，执行地方标准规定		
					含漆粉尘（漆雾）树脂尘	2			
					甲醛	2			
					苯	2			
			V/m A/m	厂界噪声	高频电场	1	符合《工业场所有害物质因素 第2部分：物理因素》(GBZ 2.2—2007) 中5.2的要求		
			dB		噪声	1	符合《工业场所有害物质因素 第2部分：物理因素》(GBZ 2.2—2007) 中11.2的要求		
			dB		昼间/夜间	1	符合《工业企业厂界环境噪声排放标准》(GB 12348—2008) 中表1的要求，企业所在地如有地方标准，执行地方标准规定		
			mg/L	生产用水污染物排放指标		2	符合《污水综合排放标准》(GB 8978—1996) 中的要求，企业所在地如有地方标准，执行地方标准规定		

序号	一级指标	一级指标权重	单位	二级指标	二级指标权重	I级基准值 100	II级基准值 [80, 100]	III级基准值 [60, 80]
4	污染物产生与排放	33	—	固体废物处理	2	对一般废物妥善处理，对生产和化验用的危险废物严格执行《室内装饰装修材料 地毯、地毯衬垫及地毯胶黏剂有害物质释放限量》（GB 18587—2001）的规定		
			—	有机废气	3	回收、净化、处置装置运行有效		
			mg/100 g	人造板中甲醛释放量（企业提供相关证明材料）	1	≤3.0 mg/100 g	≤5.0 mg/100 g	≤8.0 mg/100 g
			g/L	原辅材料有害物质：扣水后涂料中VOCs含量（企业提供相关证明材料）	1	≤200	≤250	≤300
			%	胶黏剂中VOCs含量（企业提供相关证明材料）	1	≤5	≤8	≤12
5	产品特征	9	—	执行标准相关情况	1	执行企业或团体标准并有效实施	执行国家、行业标准并有效实施	
			—	有资质的家具质量监督检验机构抽查中质量合格情况	2	抽检合格		
			%	产品一次交验合格率	1	≥98	≥96	≥94
			mg/L	产品中甲醛释放量	1	≤0.5	≤1.0	≤1.5
			mg/kg	产品中重金属含量	2	符合《室内装饰装修材料 木家具中有害物质限量》（GB 18584—2001）中的规定		

序号	一级指标	一级指标权重	单位	二级指标	二级指标权重	I级基准值 100	II级基准值 [80, 100)	III级基准值 [60, 80)
5	产品特征	9	—	产品设计	1		采用环境友好型材料	
					1		材料合理利用	
					2		易于回收拆解	
			%	环保安全隐患整改率	2		100	
			%	环境污染事故发生率	3		不允许	
			—	禁用材料执行情况	3	不应使用国家、地方明令限期淘汰、禁止的材料以及国际议定书规定淘汰的材料		
6	清洁生产管理	24	—	环境管理体系	2	建立并通过认证（有效期内），并有效运行，且保留完整记录		
			—	职业健康安全管理体系	2	建立并通过认证（有效期内），并有效运行，且保留完整记录		
			—	建立清洁生产、节能减排管理制度及执行情况	3	建立清洁生产、节能减排管理制度，具有可操作性并有良好的执行效果		
			—	开展清洁生产审核情况	3	按照清洁生产审核理论，建立了专门的清洁生产审核机构，为企业制订长远的清洁生产计划，使企业员工知晓清洁生产思想，已实施审核并有整改措施，保留完整记录		
			—	原辅材料及成品库	2	有完整的原辅材料（入库、查收、存放、领料等环节）以及产品（检验、入库、出货、运输等）的管理规章制度，并有效实施		
			—	工艺设备管理情况	2	建立相关设备管理制度，具有可操作性并有良好的执行效果		
			—	污染物控制情况	3	建立污染物控制与监测制度并有效持续运行		

2.2　家具制造业污染物排放标准

2.2.1　国家排放标准

（1）《大气污染物综合排放标准》（GB 16297—1996）

我国 1997 年实施的《大气污染物综合排放标准》（GB 16297—1996），规定了 33 项大气污染物的排放限值，其中无机气态污染物 9 项、颗粒物 3 项、金属及其化合物 6 项、有机气态污染物 14 项，并设置了非甲烷总烃综合控制指标。家具制造过程中产生的挥发性有机物（挥发性有机物无组织排放除外）、颗粒物、苯及苯系物、甲醛等均适用该标准中的相关规定，如表 2-2 所示。

表 2-2　大气污染物排放限值

序号	污染物	最高允许排放浓度/（mg/m³）	最高允许排放速率/（kg/h）			无组织排放监控浓度限值	
			排气筒/m	二级	三级	监控点	浓度/（mg/m³）
3	颗粒物	22（炭黑尘、染料尘）	15	0.06	0.87	周界外浓度最高点*	肉眼不可见
			20	1.0	1.5		
			30	4.0	5.9		
			40	6.8	10		
		60**（玻璃棉尘、石英粉尘、矿渣棉尘）	15	2.2	3.1	无组织排放源上风向设参照点，下风向设监控点	2.0
			20	3.7	5.3		
			30	14	21		
			40	25	37		
		150（其他）	15	4.1	5.9	无组织排放源上风向设参照点，下风向设监控点	5.0
			20	6.9	10		
			30	27	40		
			40	46	69		
			50	70	110		
			60	100	150		
15	苯	17	15	0.60	0.90	周界外浓度最高点	0.50
			20	1.0	1.5		
			30	3.3	5.2		
			40	6.0	9.0		

序号	污染物	最高允许排放浓度/（mg/m³）	最高允许排放速率/（kg/h）			无组织排放监控浓度限值	
			排气筒/m	二级	三级	监控点	浓度/（mg/m³）
16	甲苯	60	15	3.6	5.5	周界外浓度最高点	3.0
			20	6.1	9.3		
			30	21	31		
			40	36	54		
17	二甲苯	90	15	1.2	1.8	周界外浓度最高点	1.5
			20	2.0	3.1		
			30	6.9	10		
			40	12	18		
19	甲醛	30	15	0.30	0.46	周界外浓度最高点	0.25
			20	0.51	0.77		
			30	1.7	2.6		
			40	3.0	4.5		
			50	4.5	6.9		
			60	6.4	9.8		

注：* 周界外浓度最高点一般应设于排放源下风向的单位周界外 10 cm 范围内。

** 均指含游离二氧化硅 10% 以上的各种尘。

《大气污染物综合排放标准》（GB 16297—1996）中控制污染物的标准值是针对所有排污单位，没有单独考虑家具制造业 VOCs 排放生产工艺特点及污染治理的实际状况，针对性不强。受当时技术水平、经济发展水平和环境容量等因素影响，标准中多项污染物的限值较宽松，难以满足当前家具制造业大气污染控制需求。此外，该标准主要采取末端排放控制的技术思路，未针对污染物的源头控制、生产过程无组织排放及收集等相关技术细节进行具体规定。

（2）《挥发性有机物无组织排放控制标准》（GB 37822—2019）

《挥发性有机物无组织排放控制标准》（GB 37822—2019）自 2019 年 7 月 1 日起实施。该标准规定了挥发性有机物（VOCs）物料储存、转移和输送、工艺过程和敞开液面 VOCs 的无组织排放控制要求、设备与管线组件 VOCs 泄漏控制要求，以及 VOCs 无组织排放废气收集处理系统要求、企业厂区内及周边污染监控要求。该标准是《大气污染物综合排放标准》（GB 16297—1996）的有效补充，与家具制造业相关的主要技术内容如表 2-3 所示。

表 2-3 《挥发性有机物无组织排放控制标准》主要技术内容

项目	技术内容
4. 执行范围与时间	4.1 新建企业自 2019 年 7 月 1 日起,现有企业自 2020 年 7 月 1 日起,VOCs 无组织排放控制按照本标准的规定执行。 4.2 重点地区的企业执行无组织排放特别控制要求,执行的地域范围和时间由国务院生态环境主管部门或省级人民政府规定
5. VOCs 物料储存无组织排放控制要求	5.1.1 VOCs 物料应储存于密闭的容器、包装袋、储罐、储库、料仓中。 5.1.2 盛装 VOCs 物料的容器或包装袋应存放于室内,或存放于设置有雨棚、遮阳和防渗设施的专用场地。盛装 VOCs 物料的容器或包装袋在非取用状态时应加盖、封口,保持密闭。 5.1.3 VOCs 物料储罐应密封良好,其中挥发性有机液体储罐应符合 5.2 条规定。 5.1.4 VOCs 物料储库、料仓应满足 3.6 条对密闭空间的要求
6. VOCs 物料转移和输送无组织排放控制要求	6.1.1 液态 VOCs 物料应采用密闭管道输送。采用非管道输送方式转移液态 VOCs 物料时,应采用密闭容器、罐车。 6.1.2 粉状、粒状 VOCs 物料应采用气力输送设备、管状带式输送机、螺旋输送机等密闭输送方式,或者采用密闭的包装袋、容器或罐车进行物料转移
7. 工艺过程 VOCs 无组织排放控制要求	7.2 含 VOCs 产品的使用过程 7.2.1 VOCs 质量占比大于等于 10% 的含 VOCs 产品,其使用过程应采用密闭设备或在密闭空间内操作,废气应排至 VOCs 废气收集处理系统;无法密闭的,应采取局部气体收集措施,废气应排至 VOCs 废气收集处理系统。含 VOCs 产品的使用过程包括但不限于以下作业: a)调配(混合、搅拌等); b)涂装(喷涂、浸涂、淋涂、辊涂、刷涂、涂布等); c)印刷(平版、凸版、凹版、孔版等); d)黏结(涂胶、热压、复合、贴合等); e)印染(染色、印花、定型等); f)干燥(烘干、风干、晾干等); g)清洗(浸洗、喷洗、淋洗、冲洗、擦洗等)。 7.3 其他要求 7.3.1 企业应建立台账,记录含 VOCs 原辅材料和含 VOCs 产品的名称、使用量、回收量、废弃量、去向以及 VOCs 含量等信息。台账保存期限不少于 3 年。 7.3.2 通风生产设备、操作工位、车间厂房等应在符合安全生产、职业卫生相关规定的前提下,根据行业作业规程与标准、工业建筑及洁净厂房通风设计规范等的要求,采用合理的通风量。

项目	技术内容
	7.3.3 载有 VOCs 物料的设备及其管道在开停工（车）、检维修和清洗时，应在退料阶段将残存物料退净，并用密闭容器盛装，退料过程废气应排至 VOCs 废气收集处理系统；清洗及吹扫过程排气应排至 VOCs 废气收集处理系统。 7.3.4 工艺过程产生的含 VOCs 废料（渣、液）应按照第 5 章、第 6 章的要求进行储存、转移和输送。盛装过 VOCs 物料的废包装容器应加盖密闭
10. VOCs 无组织排放废气收集处理系统要求	10.1.2 VOCs 废气收集处理系统应与生产工艺设备同步运行。 10.2.1 企业应考虑生产工艺、操作方式、废气性质、处理方法等因素，对 VOCs 废气进行分类收集。 10.2.2 排风罩（集气罩）的设置应符合《排风罩的分类及技术条件》（GB/T 16758—1997）要求，排风罩开口面最远处的 VOCs 无组织排放位置的控制风速不低于 0.3 m/s。 10.2.3 废气收集系统的输送管道应密闭。 10.3.2 收集的废气中非甲烷总烃（NMHC）初始排放速率≥3 kg/h 时，应配置 VOCs 处理设施，处理效率不应低于 80%；对于重点地区，收集的废气中非甲烷总烃（NMHC）初始排放速率≥2 kg/h 时，应配置 VOCs 处理设施，处理效率不应低于 80%；采用的原辅材料符合国家有关低 VOCs 含量产品规定的除外。 10.4 台账记录及保存要求
11. 企业厂区内及周边污染监控要求	11.1 企业边界及周边 VOCs 监控要求执行《大气污染物综合排放标准》（GB 16297—1996）或相关行业标准。 11.2 地方生态环境主管部门可根据当地环境保护需要，对厂区内 VOCs 无组织排放状况进行监控，具体实施方式由各地自行确定
12. 污染物监测要求	12.1 企业应按照有关法律、《环境监测管理办法》和《排污单位自行监测技术指南 总则》（HJ 819—2017）等规定，建立企业监测制度，制定监测方案，对污染物排放状况及其对周边环境质量的影响开展自行监测，保存原始监测记录，并公布监测结果。 12.2 新建企业和现有企业安装污染物排放自动监控设备的要求，按有关法律和《污染源自动监控管理办法》等规定执行。 12.5 企业边界及周边 VOCs 监测按《大气污染物无组织排放监测技术导则》（HJ/T 55—2000）的规定执行

2.2.2 地方排放标准

近年来，VOCs 及其引发的二次污染越发受到重视，多个省份结合自身的产业结构特征、空气质量管理需求等，制定了涉 VOCs 重点行业地方排放标准，其中广东省、天津市、北京市、江苏省、陕西省、重庆市、上海市、四川省、山东省制定了专门的家具制造业排放地方标准，河北省亦制定了《木质家具制造工业大气污染物排放标准》，目前尚处于征求意见阶段，未正式发布。各省市相关排放标准及其对比情况详见表2-4和表2-5。

表2-4　家具制造业地方排放标准制定情况

序号	省份	标准名称	实施时间
1	广东省	《家具制造行业挥发性有机化合物排放标准》（DB 44/814—2010）	2010-11-01
2	天津市	《工业企业挥发性有机物排放控制标准》（DB 12/524—2014）（对于家具制造业有单独规定）	2014-08-01
3	北京市	《木质家具制造工业 大气污染物排放标准》（DB 11/1202—2015）	2015-07-01
4	河北省	《工业企业挥发性有机物排放控制标准》（DB 13/2322—2016）	2016-02-24
		《木质家具制造业 挥发性有机物排放标准》（已征求意见，尚未正式发布）	—
5	江苏省	《表面涂装（家具制造业）挥发性有机物排放标准》（DB 32/3152—2016）	2017-02-01
6	陕西省	《陕西省挥发性有机物排放控制标准》（DB 61/T—1061—2017）	2017-02-10
7	重庆市	《家具制造业大气污染物排放标准》（DB 50/757—2017）	2017-06-01
8	上海市	《家具业大气污染物排放标准》（DB 31/1059—2017）	2017-07-01
9	四川省	《固定污染源大气挥发性有机物排放标准》（DB 51/2377—2017）	2017-08-01
10	山东省	《挥发性有机物排放标准》（DB 37/2801）（第3部分为家具制造业专门规定）	2017-09-03

注：由于本书篇幅所限，各省市相关排放标准具体内容不再一一列举，读者可根据标准名称在使用时进行查询。

表 2-5　家具制造业各地方排放标准体系对比

省份	原料规定	有组织排放控制形式	无组织排放控制	控制污染物
广东省（2010）	家具生产企业所使用的溶剂型涂料应符合《室内装修材料　溶剂型木器涂料中有害物质限量》（GB 18581—2009）的规定	最高允许排放浓度+最高允许排放速率+工艺控制要求	厂界	苯+甲苯和二甲苯合计+TVOCs
天津市（2014）	分调漆、喷涂工艺；烘干工艺	最高允许排放浓度+最高允许排放速率（分不同高度烟囱）+工艺控制要求	厂界	苯+甲苯和二甲苯合计+TVOCs
北京市（2015）	按照水性涂料规定了即用状态下的VOCs含量限值	最高允许排放浓度+工艺控制要求	非封闭涂装车间工位/或封闭涂装车间门窗口喷漆打磨车间	颗粒物+苯+苯系物+非甲烷总烃
江苏省（2017）	家具生产企业所使用的溶剂型涂料应符合《室内装修材料　溶剂型木器涂料中有害物质限量》（GB 18581—2009）的规定	最高允许排放浓度+最高允许排放速率+工艺控制要求	厂界	苯+甲苯和二甲苯合计+TVOCs
重庆市（2017）	家具生产企业所使用的溶剂型涂料应符合《室内装修材料　溶剂型木器涂料中有害物质限量》（GB 18581—2009）的规定	最高允许排放浓度+最高允许排放速率+工艺控制要求	厂界	颗粒物+苯+甲苯和二甲苯合计+苯系物+TVOCs+非甲烷总烃+甲醛+二氧化硫+氮氧化物
上海市（2017）	按照水性涂料规定了即用状态下的VOCs含量限值	最高允许排放浓度+最高允许排放速率+工艺控制要求	非封闭的溶剂型涂料或打磨工位或封闭工作间外+厂界	颗粒物+苯+甲苯+二甲苯+苯系物+氯化氢+非甲烷总烃+甲醛+甲苯二异氰酸酯+乙酸酯类+二氧化硫+氮氧化物
山东省（2017）	家具生产企业所使用的溶剂型涂料应符合《室内装修材料　溶剂型木器涂料中有害物质限量》（GB 18581—2009）的规定	最高允许排放浓度+最高允许排放速率+工艺控制要求	厂界	苯+甲苯和二甲苯合计+TVOCs

2.3 家具制造业环保相关技术规范

为促进家具制造业的健康、持续和稳定发展，加快清洁原辅材料（水性涂料、粉末涂料、高固体分涂料和辐射固化涂料）推广应用，我国近几年出台了一系列国家和地方层面的技术规范，对家具产品制造过程中使用原辅材料的有害物质含量、家具产品本身所含的有害物质含量、家具制造生产过程的环境友好型等进行规范。

（1）《室内装饰装修材料　溶剂型木器涂料中有害物质限量》（GB 18581—2009）

该标准由国家质量监督检验检疫总局和国家标准化管理委员会于 2009 年颁布，规定了室内装修用聚氨酯类、硝基类和醇酸类溶剂型木器涂料以及木器用溶剂型腻子涂料中对人体和环境有害物质容许限值的相关要求等内容。主要适用于室内装修和工厂化涂装用聚氨酯类、硝基类和醇酸类溶剂型木器涂料（包括底漆和面漆）及木器用溶剂型腻子，不适用于辐射固化涂料和不饱和聚酯腻子。其主要技术内容包括但不限于表 2-6 所示。

表 2-6　木器涂料 VOCs 限量值

项目	限量值			
	聚氨酯类涂料		硝基类涂料	醇酸类涂料
	面漆	底漆		
挥发性有机化合物含量≤g/L	光泽≥80，580 光泽<80，670	670	720	500
苯含量/%	0.5			
甲苯、二甲苯、乙苯含量总和/%	30	30	5	

（2）《环境标志产品技术要求　水性涂料》（HJ 2537—2014）

为减少涂料在生产和使用过程中对环境和人体健康的影响，环境保护部于2014 年发布《环境标志产品技术要求　水性涂料》。该标准规定了水性涂料环境标志产品的术语和定义、基本要求、技术内容和检验方法，适用于水性涂料和配用腻子，不适用于水性防水涂料、水性船舶漆。其主要技术内容包括但不限于表 2-7 和表 2-8 所示。

表 2-7　工业涂料中有害物质限量

产品种类 项目	木器涂料		
	清漆	色漆	腻子（粉状、膏状）
挥发性有机化合物（VOCs）	≤80 g/L	≤70 g/L	≤10 g/kg
游离甲醛/（mg/kg）	≤100		
乙二醇醚及其酯类的总量（乙二醇甲醚、乙二醇甲醚醋酸酯、乙二醇乙醚、乙二醇乙醚醋酸酯、二乙二醇丁醚醋酸酯）/（mg/kg）	≤100		
苯、甲苯、二甲苯、乙苯的总量/（mg/kg）	≤100		
卤代烃（以二氯甲烷计）/（mg/kg）	≤500		
可溶性铅/（mg/kg）	≤90		
可溶性镉/（mg/kg）	≤75		
可溶性铬/（mg/kg）	≤60		
可溶性汞/（mg/kg）	≤60		

表 2-8　产品中不得人为添加的物质

中文名称	英文名称	缩写
烷基酚聚氧乙烯醚	Alkylphenol ethoxylates	APEO
邻苯二甲酸二异壬酯	Di-iso-nonylphthalate	DINP
邻苯二甲酸二正辛酯	Di-n-octylphthalate	DNOP
邻苯二甲酸二（2-乙基己基）酯	Di-（2-ethylhexy)-phthalate	DEHP
邻苯二甲酸二异癸酯	Di-isodecylphthalate	DIDP
邻苯二甲酸丁基苄基酯	Butylbenzylphthalate	BBP
邻苯二甲酸二丁酯	Dibutylphthalate	DBP

（3）深圳市家具行业协会团体标准《绿色家具优品评价技术规范》
（SZTT/SZFA—001—2015）

　　为促使家具企业提高生产管理水平和产品质量，促进深圳市家具制造业的健康、持续和稳定发展，深圳市家具行业协会于2015年发布《绿色家具优品评价技术规范》。该标准化指导性技术文件规定了绿色家具的定义、基本条件、评价指标、评价方法及判定规则，适用于开展深圳市绿色家具优品的评价。其主要技术内容包括但不限于表2-9至表2-14所示。

表2-9　家具用胶黏剂有害物质限量要求

项目	技术指标					
	氯丁橡胶胶黏剂	SBS胶黏剂	缩甲醛类胶黏剂	聚乙酸乙烯酯胶黏剂	聚氨酯类胶黏剂	其他类胶黏剂
游离甲醛/（g/kg）	≤0.10	≤0.10	≤0.10	≤0.10	—	≤0.10
苯/（g/kg）	≤0.20	≤0.20	≤0.20	≤0.20	≤0.20	≤0.20
甲苯+二甲苯/（g/kg）	≤2.0	≤2.0	≤2.0	≤2.0	≤2.0	≤2.0
二氯甲烷/（g/kg）	总量≤5.0	≤50	—	—	—	—
1,2-二氯乙烷/（g/kg）		总量≤5.0				
1,1,2-三氯乙烷/（g/kg）						
三氯乙烯/（g/kg）						
总挥发性有机物/（g/L）	≤250	≤250	≤350	≤110	≤100	≤350

表 2-10　家具用木器涂料有害物质限量要求

项目		技术指标 b		
		色漆	清漆	腻子（粉状、膏状）
挥发性有机化合物（VOCs）含量		≤70 g/L	≤80 g/L	≤10 g/kg
苯、甲苯、二甲苯、乙苯含量总和/（mg/kg）		≤100		
卤代烃（以二氯甲烷计）ª/（mg/kg）		≤100		
游离甲醛含量/（mg/kg）		≤100		
乙二醇醚及其酯类含量（乙二醇甲醚、乙二醇甲醚醋酸酯、乙二醇乙醚、乙二醇乙醚醋酸酯、二乙二醇丁醚醋酸酯）/（mg/kg）		≤100		
可溶性重金属	铅（Pb）/（mg/kg）	≤30		
	镉（Cd）/（mg/kg）	≤25		
	铬（Cr）/（mg/kg）	≤20		
	汞（Hg）/（mg/kg）	≤20		
	砷（As）/（mg/kg）	≤20		
	锑（Sb）/（mg/kg）	≤60		
	钡（Ba）/（mg/kg）	≤500		
	硒（Se）/（mg/kg）	≤250		

注：a. 包括二氯甲烷、1,1-二氯乙烷、1,2-二氯乙烷、三氯甲烷、1,1,1-三氯乙烷、1,1,2-三氯乙烷、四氯化碳。

　　b. 本技术指标不适用于 UV 光固化涂料、聚酯涂料。

表 2-11　家具用木质材料有害物质限量要求

产品类别	项目	技术指标
人造板及其制品	甲醛释放量/（mg/m³）	纤维板、刨花板、胶合板、细木工板、装饰单板贴面胶合板等产品：≤0.12
		饰面板（浸渍胶膜纸饰面板、实木复合板、油漆饰面板等产品）：≤0.08
	总挥发性有机化合物（TVOC）的释放率（72 h）/[mg/（m²·h）]	≤0.25
实木及其制品	五氯苯酚（PCP）/（mg/kg）	禁用
	无机砷（As）/（mg/kg）	禁用

表2-12 家具用纺织面料安全技术要求

项目	技术指标	
	儿童家具用	其他类家具用
甲醛含量/（mg/kg）	≤20	≤75
可分解致癌芳香胺染料/（mg/kg）	禁用	
富马酸二甲酯/（mg/kg）	禁用	

表2-13 家具用皮革有害物质限量要求

项目	技术指标	
	儿童家具用	其他类家具用
游离甲醛/（mg/kg）	≤20	≤50
六价铬（Cr^{6+}）/（mg/kg）	禁用	
可分解致癌芳香胺染料/（mg/kg）	禁用	
富马酸二甲酯/（mg/kg）	禁用	

表2-14 家具成品中有害物质限量要求

有害物质名称		限量要求
表面涂层 [a]	总铅/%	≤0.009
表面涂层 [a]	可迁移元素 铅（Pb）/（mg/kg）	≤30
	镉（Cd）/（mg/kg）	≤25
	铬（Cr）/（mg/kg）	≤20
	汞（Hg）/（mg/kg）	≤20
	砷（As）/（mg/kg）	≤20
	锑（Sb）/（mg/kg）	≤20
	钡（Ba）/（g/kg）	≤500
	硒（Se）/（mg/kg）	≤250
整体家具挥发性有害物质	甲醛释放量/（mg/m³）	≤0.06
	苯/（mg/m³）	—
	甲苯/（mg/m³）	≤0.10
	二甲苯/（mg/m³）	≤0.10
	总挥发性有机化合物（TVOC）释放量/（mg/m³）	≤0.25

注：a 表示可接触部位的基体材料上形成或附着的所有材料层，包括油漆、生漆、油墨、聚合物或其他类似性质的物质。不同涂层需分别进行检测，并符合相应要求，其中重量小于 50 mg 的涂层，可豁免此项测试。

（4）《环境标志产品技术要求　家具》（HJ 2547—2016）

该技术规范规定了木质家具、金属家具、塑料家具、软体家具、藤家具、玻璃石材家具和其他家具及配件产品使用的木材、木质板材、塑料部件、玻璃、纺织品、胶黏剂、涂料、皮革和人造革、金属件、树脂填料等原辅材料及产品的生产过程、产品本身以及产品包装和产品说明的环境保护要求，其主要技术内容包括但不限于：

5.1　产品设计的环境保护要求

5.1.1　对木材的要求

5.1.1.1　国内木材原料应符合《中国森林认证　森林经营》（GB/T 28951—2012）或《中国森林认证　产销监管链》（GB/T 28952—2018）的要求，进口木材原料应符合国家木材贸易及进出口的相关要求。

5.1.1.2　来源于源生地天然生长的国产原料应符合《中华人民共和国自然保护区条例》和《中华人民共和国野生植物保护条例》的规定。

5.1.1.3　进口《濒危野生动植物种国际贸易公约》（CITES）附录所列的野生植物物种及其产品的（CITES 豁免的除外），应符合 CITES 的规定；进口非 CITES 附录物种但列入《进出口野生动植物种商品目录》的物种及其产品，应符合国家的相关要求。

5.1.2　产品使用的木质板材应符合《环境标志产品技术要求　人造板及其制品》（HJ 571—2010）的要求。

5.1.3　对塑料部件的要求

5.1.3.1　质量超过 25 g，且平面表面积超过 200 mm^2 的塑料部件应按照《塑料制品的标志》（GB/T 16288—2008）的要求进行标识。

5.1.3.2　塑料部件中不加入妨碍塑料回收的其他材料（如木材、金属）。

5.1.3.3　塑料部件表面不进行涂饰处理。

5.1.4　对玻璃的要求

5.1.4.1　玻璃部件应易于更换。

5.1.4.2 玻璃不含铅。

5.1.5 占产品总质量 1%以上的纺织品应符合《环境标志产品技术要求 纺织产品》（HJ 2546—2016）的要求。

5.1.6 产品使用的胶黏剂应符合《环境标志产品技术要求 胶黏剂》（HJ 2541—2016）的要求。

5.1.7 对涂料的要求

5.1.7.1 水性木器涂料应符合《环境标志产品技术要求 水性涂料》（HJ 2537—2014）的要求。

5.1.7.2 溶剂型木器涂料应符合《溶剂型木器涂料标准》（HJ/T 414—2007）要求，其中挥发性有机化合物、甲苯、二甲苯、乙苯、卤代烃限量应符合表 2-15 要求。

表 2-15 溶剂型木器涂料中有害物质的限量要求

项目	聚氨酯类			硝基类	醇酸类
	面漆		底漆		
	光泽（60°）≥80	光泽（60°）<80			
挥发性有机化合物/（g/L）≤	500	600	570	650	450
甲苯+二甲苯+乙苯/% ≤	20			20	5
卤代烃/% ≤	0.05				

5.1.8 产品使用的皮革和人造革应符合《环境标志产品技术要求 皮革和合成革》（HJ 507—2009）的要求。

5.1.9 产品使用的石材内、外照射指数应符合《环境标志产品技术要求 卫生陶瓷》（HJ/T 296—2006）的相关要求。

5.1.10 产品使用的金属件（小型金属部件如螺丝钉、铰链和插销等除外），其前处理过程不使用含磷的脱脂剂和皮膜剂；不使用六价铬、镍、锡及其化合物进行电镀（气体电镀除外）；不使用卤代有机物去除油污或进行金属表面处理。

5.1.11 对树脂填料的要求

5.1.11.1 婴儿（3 岁以下）用床垫填料的游离甲醛不超过 30 mg/kg，其他床垫填料的游离甲醛不超过 100 mg/kg。

5.1.11.2 在填料的生产过程中，不使用有机氯漂白剂。

5.1.11.3 染料只可用于区别相同范围内不同密度的填充材料（如硬泡沫或软泡沫）。

5.1.11.4 不使用可分解成致癌芳香胺的偶氮染料，可致癌染料，含铅、镉、六价铬、汞、锡及其化合物的染料。

5.1.11.5 聚氨酯发泡材料的发泡剂应为二氧化碳。

5.1.11.6 填料中不使用表 2-16 中列出的阻燃剂。

表 2-16　填料中不使用的阻燃剂

中文名称	英文名称
多溴联苯	Polybrominated biphenyles（PBB）
三-（2,3-二溴丙基）-磷酸酯	Tri-（2,3-dibromo-propy）-phosphate（TRIS）
三-（氮环丙基）-氧化膦	Tris-（azir-idinyl）-phos-phinoxide（TEPA）
五溴二苯醚	Pentabromodiphenylether（pentaBDE）
八溴联苯醚	Octabromodiphenylether（octaBDE）

5.2　产品生产过程的环境保护要求

5.2.1 产品生产企业应对产生的废弃物进行分类收集处理。

5.2.2 产品生产企业应对锯末和粉尘进行有效的收集和处理，不直接排放。

5.2.3 在涂装过程中，应采取有效的集气措施，并对收集的废气进行处理。

5.3　产品的环境保护要求

5.3.1 产品表面涂层可迁移元素的限量应符合表 2-17 的要求。

表 2-17 可迁移元素的限量要求

项目		限量/（mg/kg）
锑（Sb）	≤	60
砷（As）	≤	25
钡（Ba）	≤	1 000
镉（Cd）	≤	75
铬（Cr）	≤	60
铅（Pb）	≤	90
汞（Hg）	≤	60
硒（Se）	≤	500

5.3.2 塑料家具中邻苯二甲酸酯［邻苯二甲酸二丁酯（DB P）、邻苯二甲酸苯基丁酯（BBP）、邻苯二甲酸二（2-乙基）己酯（DEHP）、邻苯二甲酸二正辛酯（DNOP）、邻苯二甲酸二异壬酯（DINP）、邻苯二甲酸二异癸酯（DIDP）］的总量应不大于 0.1%。

5.4 产品包装的环境保护要求

5.4.1 不使用氢氟氯化碳（HCFCs）作为发泡剂。

5.4.2 铅、镉、汞和六价铬的总量不超过 100 mg/kg。

5.4.3 应按照《包装回收标志》（GB/T 18455—2010）进行标识。

5.5 产品说明的环境保护要求

产品说明应包括以下内容：

a）产品所执行的质量标准及所依据的检测标准。

b）如果家具或配件需要组装时，应有图示的组装说明。

c）采用不同的方法对不同材料的产品进行清洁和维护的说明。

d）产品中所用材料及对环境有益的回收、处置方式的信息。

（5）《绿色产品评价　家具》（GB/T 35607—2017）

国家质量检督检验检疫总局于 2017 年 12 月 8 日发布《绿色产品评价　家具》（GB/T 35607—2017）行业标准，已于 2018 年 7 月 1 日正式实施。本标准规定了家具产品的绿色产品评价要求和评价方法，适用于所有家具产品。其主要技术内容包括但不限于表 2-18 所示。

表 2-18　绿色评价指标

序号	一级指标	二级指标		单位	基准值	判断依据/方法
15	环境属性	工作场所粉尘容许浓度	玻璃钢粉尘（总尘）	mg/m³	≤3	《工作场所有害因素职业接触限值　第 1 部分：化学有害因素》（GBZ 2.1—2019）《工作场所空气中有害物质监测的采样规范》（GBZ 159—2017）；《工作场所空气中粉尘测定　第 2 部分：呼吸性粉尘浓度》（GBZ/T 192.2—2007）
16			大理石粉尘（总尘）		≤8	
17			木粉尘（总尘）		≤3	
18			皮毛粉尘（总尘）		≤8	
19	品质属性	产品寿命	椅类：椅座椅背/扶手耐久性	万次	≥12/6	《家具力学性能试验　第 3 部分：椅凳类强度和耐久性》（GB/T 10357.3—2013）（扶手载荷 400 N）
			桌类：桌面水平/独脚桌垂直耐久性		≥6/6	《家具力学性能试验　第 1 部分：桌类强度和耐久性》（GB/T 10357.1—2013）
			床类：耐久性		≥2	《家具力学性能试验　单层床强度和耐久性》（GB/T 10357.6—2013）
			柜类：拉门/移门、卷门耐久性		≥8/4	《家具力学性能试验　第 5 部分：柜类强度和耐久性》（GB/T 10357.5—2013）
			床垫：铺面/铺边部耐久性		≥6/1	《软体家具　弹簧软床垫》（QB/T 1952.2—2016）
			沙发：耐久性		≥6	《软体家具　沙发》（QB/T 1952.1—2016）

序号	一级指标	二级指标			单位	基准值	判断依据/方法
20	品质属性	甲醛释放量	软体家具	沙发	mg/m³	≤0.05	附录 B
21				床垫		≤0.05	附录 C
22			木家具等其他家具			≤0.05	附录 D、附录 E
23		苯				≤0.05	
24		甲苯				≤0.1	
25		二甲苯				≤0.1	
26		总挥发性有机化合物（TVOC）	软体家具	沙发		≤0.3	附录 B
				床垫			附录 F
			木家具等其他家具				附录 D、附录 E
27	品质属性	产品有害物质	铅 Pb	家具涂层可迁移元素	mg/kg	≤90	附录 D
28			镉 Cd			≤50	
29			铬 Cr			≤25	
30			汞 Hg			≤25	
31			锑 Sb			≤60	
32			钡 Ba			≤1 000	附录 D
33			硒 Se			≤500	
34			砷 As			≤25	
35			可接触的实木部件中五氯苯酚（PCP）			≤5	《防腐木材和人造板中五氯苯酚含量的测定方法》（LY/T 1985—2011）
36	品质属性	产品有害物质	纺织品、皮革中五氯苯酚（PCP）	婴童家具		≤0.05	《纺织品 含氯苯酚的测定 第 2 部分：气相色谱法》（GB/T 18414.2—2006）《皮革和毛皮 化学试验 五氯苯酚含量的测定》（GB/T 22808—2008）
37				其他		≤0.5	《纺织品 含氯苯酚的测定 第 2 部分：气相色谱法》（GB/T 18414.2—2006）《皮革和毛皮 化学试验 五氯苯酚含量的测定》（GB/T 22808—2008）

序号	一级指标	二级指标	单位	基准值	判断依据/方法
38	品质属性	产品有害物质	可分解芳香胺染料	mg/kg	禁用	纺织品:《生态纺织品技术要求》(GB/T 18885—2009);皮革和毛皮:《皮革和毛皮化学试验 禁用偶氮染料的测定》(GB/T 19942—2005)
39			苯并[a]芘		≤0.5	《塑料家具中有害物质限量》(GB 28481—2012)
40			放射性:家具中天然石材放射性核素镭-226、钍-232、钾-40的放射性比活度	—	I_{Ra}≤0.5 I_t≤0.65	《卫浴家具》(GB 24977—2010)

注:1. 鼓励绿色家具产品采用可再生资源、能源材料和清洁能源[参见(GB/T 35607—2017)附录G]。
   2. 其他家具指软体沙发、床垫等以外的家具。
   3. 表中所涉及附录,均为《绿色产品评价 家具》(GB/T 35607—2017)的附录。

(6)《绿色产品评价 涂料》(GB/T 35602—2017)

该标准由国家质量监督检验检疫总局和国家标准化管理委员会于2017年颁布。该标准规定了绿色涂料产品评价的术语和定义、产品分类、评价要求和评价方法等,适用于水性涂料、粉末涂料、辐射固化涂料、高固体分涂料、无溶剂型涂料等涂料产品的绿色产品评价,不适用于防水涂料。其主要技术内容包括但不限于表2-19至表2-23所示。

表2-19 不得有意添加的有害物质

品种	品种说明	污染限值
苯	—	100 mg/kg(防腐涂料中苯污染限值为0.1%)
甲醇	—	100 mg/kg(防腐涂料中甲醇污染限值为0.1%)

品种	品种说明	污染限值
卤代烃	卤代烃是指烃分子中的氢原子被卤素原子取代后的一类挥发性有机化合物。包括但不限于列举的卤代烃，如二氯甲烷、三氯甲烷、四氯化碳、三氯乙烷、三氯丙烷、三氯乙烯、溴丙烷、溴丁烷等	100 mg/kg（每种化合物）
消耗臭氧层物质	《中国受控消耗臭氧层物质清单》（环境保护部公告 2010 年第 72 号）内列举的消耗臭氧层物质，如三氯一氟甲烷（CFC-11）、二氯二氟甲烷（CFC-12）、一氯三氟甲烷（CFC-13）等	100 mg/kg（每种化合物）
乙二醇甲醚和乙醚的衍生物	包括但不限于列举的乙二醇甲醚和乙醚的衍生物，如乙二醇甲醚、乙二醇甲醚醋酸酯、乙二醇乙醚、乙二醇乙醚醋酸酯、乙二醇二甲醚、乙二醇二乙醚、二乙二醇二甲醚、三乙二醇二甲醚等	100 mg/kg（每种化合物）
邻苯二甲酸酯	包括但不限于列举的邻苯二甲酸酯，如邻苯二甲酸二丁酯（DBP）、邻苯二甲酸丁苄酯（BBP）、邻苯二甲酸二异辛酯（DEHP）、邻苯二甲酸二辛酯（DNOP）、邻苯二甲酸二异壬酯（DINP）、邻苯二甲酸二异癸酯（DIDP）等	100 mg/kg（每种化合物）
禁用偶氮染料	禁用偶氮染料是指可裂解并释放出某些有害芳香胺的偶氮染料，包括但不限于列举的有害芳香胺［参见《绿色产品评价 涂料》（GB/T 35602—2017）附录 B 中表 B.4 列举的有害芳香胺］，如 4-氨基联苯、联苯胺、4-氯-2-甲基苯胺、2-萘胺、对氯苯胺、2,4-二氨基苯甲醚等	50 mg/kg（每种化合物）
烷基酚聚氧乙烯醚	包括但不限于列举的烷基酚聚氧乙烯醚，如壬基酚聚氧乙烯醚（含壬基酚）、辛基酚聚氧乙烯醚（含辛基酚）等	50 mg/kg（每种化合物）
多氯萘	多氯萘是指萘环上的氢原子被氯原子所取代后的一类氯化物，包括但不限于列举的多氯萘，如一氯萘、二氯萘、三氯萘、四氯萘、五氯萘、六氯萘、七氯萘、八氯萘等	50 mg/kg（每种化合物）

品种	品种说明	污染限值
多氯联苯	多氯联苯是指联苯苯环上的氢原子为氯原子所取代后的一类氯化物，包括但不限于列举的多氯联苯，如三氯联苯（PCB3）、四氯联苯（PCB4）、五氯联苯（PCB5）、六氯联苯（PCB6）、七氯联苯（PCB7）、八氯联苯（PCB8）、九氯联苯（PCB9）、十氯联苯（PCB10）等	50 mg/kg（每种化合物）
多环芳烃	多环芳烃是指分子中含有两个或两个以上并环苯环结构，且不包含任何杂原子和取代基的有机烃类化合物，包括但不限于列举的多环芳烃，如萘、苊烯、苊、芴、菲、蒽、荧蒽、芘、苯并[a]蒽、䓛、苯并[b]荧蒽、苯并[k]荧蒽、苯并[a]芘、茚苯[1,2,3-c,d]芘、二苯并[a,h]蒽、苯并[g,h,i]芘等	100 mg/kg（每种化合物）
长链全氟烷基化合物	包括但不限于列举的长链（碳链长度≥6个碳原子）全氟羧酸化合物和全氟磺酸化合物，如全氟辛酸、全氟壬酸、全氟癸酸、全氟十一酸、全氟十二酸、全氟辛烷磺酸、全氟癸烷磺酸等酸及其盐	50 mg/kg（每种化合物）
短链氯化石蜡	短链氯化石蜡是指一类碳原子数为 10～13 的正构烷烃氯化衍生而成的复杂混合物，如含氯量分别为 42%、48%、50%～52%、65%～70%等短链氯化石蜡	0.1%（每种化合物）
溴系阻燃剂	包括但不限于列举的溴系阻燃剂，如多溴联苯、多溴二苯醚、六溴环十二烷、四溴双酚 A、十溴二苯乙烷等	100 mg/kg（每种化合物）
三取代有机锡化合物	包括但不限于列举的三取代有机锡化合物，如三丁基锡、三苯基锡、三环己基锡等	50 mg/kg（每种化合物）
石棉	石棉是指纤维状蛇纹石和纤维状角闪石类硅酸盐矿物，且纤维状颗粒的长径比大于3，如温石棉、透闪石石棉、阳起石石棉、直闪石石棉、青石棉、铁石棉等	0.1%（每种矿物）
放射性物质	α 表面污染值大于或等于 0.04 Bq/cm²，β 表面污染值大于或等于 0.4 Bq/cm²，为放射性超标；γ 值大于或等于 1 μSv/h，为放射性超标；检出中子，为放射性超标	—

表 2-20 水性工业涂料指标要求

一级指标	二级指标		单位	基准值	判定依据
品质属性	质量性能		—	应满足产品明示的标准中最高等级的技术要求	提供有资质的第三方检测报告
	施工状态判定		—	通过	依据《绿色产品评价 涂料》（GB/T 35602—2017）A.9 现场检查，或检测
	挥发性有机化合物（VOC）含量	木器涂料	g/L	≤180	依据《绿色产品评价 涂料》（GB/T 35602—2017）A.5 检测，提供有资质的第三方检测报告
		地坪涂料	g/L	≤120	
		室内用常温自干型防腐涂料	g/L	≤120	
		其他工业涂料	g/L	≤200	
		腻子	g/kg	≤10	
	总挥发性有机化合物释放量（限室内非工厂化涂装用涂料）		mg/m³	—	提供有资质的第三方检测报告（试验周期为 3 天）
	甲醛释放量（限室内非工厂化涂装用涂料）		mg/m³	—	
	甲醛含量（限室内用常温自干型涂料）		mg/kg	≤100	依据《绿色产品评价 涂料》（GB/T 35602—2017）A.7 检测，提供有资质的第三方检测报告
	挥发性芳香烃含量	苯、甲苯、乙苯和二甲苯的含量总和	mg/kg	≤100	按《涂料中苯、甲苯、乙苯和二甲苯含量的测定 气相色谱法》（GB/T 23990—2009）检测，提供有资质的第三方检测报告
		其他类型的挥发性芳香烃	%	≤0.1	提供证明材料
	乙二醇醚及其酯含量	乙二醇醚（乙二醇丁醚、乙二醇己醚、乙二醇苯醚、二乙二醇丁醚）含量总和	%	≤4	按《色漆和清漆 挥发性有机化合物（VOC）含量的测定 气相色谱法》（GB/T 23986—2009）检测，提供有资质的第三方检测报告
		乙二醇醚酯（乙二醇丁醚醋酸酯、二乙二醇丁醚醋酸酯）含量总和	%	≤1	

一级指标	二级指标		单位	基准值	判定依据
品质属性	N-甲基吡咯烷酮（NMP）含量		%	≤0.1	按《色漆和清漆 挥发性有机化合物（VOC）含量的测定 气相色谱法》（GB/T 23986—2009）检测，提供有资质的第三方检测报告
	N,N-二甲基甲酰胺（DMF）含量		%	≤0.1	
	残余化合物含量	胺类固化剂中残余有害芳香胺含量总和	%	≤0.1	提供证明材料
		聚氨酯固化剂中游离异氰酸酯含量总和	%	≤0.5	按《色漆和清漆用漆基 异氰酸酯树脂中二异氰酸酯单体的测定》（GB/T 18446—2009）检测，提供有资质的第三方检测报告
	重金属元素含量（限木器和地坪用色漆和腻子）	铅（Pb）	mg/kg	≤20	依据《绿色产品评价 涂料》（GB/T 35602—2017）A.8 检测，提供有资质的第三方检测报告
		镉（Cd）	mg/kg	≤20	
		六价铬（Cr^{6+}）	mg/kg	≤20	
		汞（Hg）	mg/kg	≤20	
		砷（As）	mg/kg	≤20	
		钡（Ba）	mg/kg	≤100	
		硒（Se）	mg/kg	≤20	
		锑（Sb）	mg/kg	≤20	
		钴（Co）	mg/kg	≤20	
	重金属元素含量（除木器和地坪外用色漆和腻子）	铅（Pb）	mg/kg	≤200	
		镉（Cd）	mg/kg	≤100	
		六价铬（Cr^{6+}）	mg/kg	≤200	
		汞（Hg）	mg/kg	≤200	
	有机锡化合物（限木器涂料）		—	不得添加	提供证明材料（不得添加物质的污染限值均为 50 mg/kg）

表 2-21 粉末涂料指标要求

一级指标	二级指标			单位	基准值	判定依据
品质属性	异氰脲酸三缩水甘油酯（TGIC）			—	不得添加	提供证明材料（不得添加物质的污染限值为0.1%）
	低温固化（限户内用）		环氧体系和环氧/聚酯体系（140℃/15 min）	—	不得添加	提供有资质的第三方检测报告
			纯聚酯体系（160℃/15 min 或 200℃/6 min）	—	符合质量属性	
	重金属元素含量	木质板、家具用	铅（Pb）	mg/kg	≤20	依据《绿色产品评价涂料》（GB/T 35602—2017）A.8 检测，提供有资质的第三方检测报告
			镉（Cd）	mg/kg	≤20	
			六价铬（Cr^{6+}）	mg/kg	≤20	
			汞（Hg）	mg/kg	≤20	
			砷（As）	mg/kg	≤20	
			钡（Ba）	mg/kg	≤100	
			硒（Se）	mg/kg	≤20	
			锑（Sb）	mg/kg	≤20	
			钴（Co）	mg/kg	≤20	
		其他	铅（Pb）	mg/kg	≤200	
			镉（Cd）	mg/kg	≤100	
			六价铬（Cr^{6+}）	mg/kg	≤200	
			汞（Hg）	mg/kg	≤200	
	光稳定剂（UV-320、UV-327、UV-328、UV-350）			—	不得添加	提供证明材料（不得添加物质的污染限值均为50 mg/kg）
	有机锡化合物（限木器涂料）			—	不得添加	提供证明材料（不得添加物质的污染限值均为50 mg/kg）

表 2-22　辐射固化涂料指标要求

一级指标	二级指标		单位	基准值	判定依据
品质属性	涂膜中残余化合物含量	活性稀释剂光引发剂	%	≤0.8	提供证明材料
	挥发性芳香烃含量	苯、甲苯、乙苯和二甲苯的含量总和	mg/kg	≤100	按《涂料中苯、甲苯、乙苯和二甲苯含量的测定　气相色谱法》（GB/T 23990—2009）检测，提供有资质的第三方检测报告
		其他类型的挥发性芳香烃	%	≤0.1	提供证明材料（不得添加物质的污染限值为0.1%）
		苯乙烯	—	不得添加	
	重金属元素含量（限木质板和家具用色漆）	铅（Pb）	mg/kg	≤20	依据《绿色产品评价涂料》（GB/T 35602—2017）A.8 检测，提供有资质的第三方检测报告
		镉（Cd）	mg/kg	≤20	
		六价铬（Cr^{6+}）	mg/kg	≤20	
		汞（Hg）	mg/kg	≤20	
		砷（As）	mg/kg	≤20	
		钡（Ba）	mg/kg	≤100	
		硒（Se）	mg/kg	≤20	
		锑（Sb）	mg/kg	≤20	
		钴（Co）	mg/kg	≤20	
	重金属元素含量（除木质板和家具外用色漆）	铅（Pb）	mg/kg	≤200	
		镉（Cd）	mg/kg	≤100	
		六价铬（Cr^{6+}）	mg/kg	≤200	
		汞（Hg）	mg/kg	≤200	
	光稳定剂（UV-320、UV-327、UV-328、UV-350）		—	不得添加	提供证明材料（不得添加物质的污染限值均为50 mg/kg）
	光引发剂（二苯甲酮、异丙基硫杂蒽酮、2-甲基-1-（4-甲硫基苯基）-2-吗啉基-1-丙酮）		—	不得添加	提供证明材料（不得添加物质的污染限值均为0.1%）
	有机锡化合物（限木器涂料）		—	不得添加	提供证明材料（不得添加物质的污染限值均为50 mg/kg）
	N-甲基吡咯烷酮（NMP）、N,N-二甲基甲酰胺（DMF）、异佛尔酮		—	均不得添加	提供证明材料（不得添加物质的污染限值均为0.1%）

一级指标	二级指标		单位	基准值	判定依据
品质属性	乙二醇醚及其酯含量（限水性）	乙二醇醚含量总和（乙二醇丁醚、乙二醇己醚、乙二醇苯醚、二乙二醇丁醚）	%	≤4	按《色漆和清漆 挥发性有机化合物（VOC）含量的测定 气相色谱法》（GB/T 23986—2009）检测，提供有资质的第三方检测报告
		乙二醇醚酯含量总和（乙二醇丁醚醋酸酯、二乙二醇丁醚醋酸酯）	%	≤1	
	乙二醇醚及其酯（乙二醇丁醚、乙二醇苯醚、二乙二醇丁醚、乙二醇丁醚醋酸酯、二乙二醇丁醚醋酸酯）含量总和（限非水性）		%	≤1	按《色漆和清漆 挥发性有机化合物（VOC）含量的测定 气相色谱法》（GB/T 23986—2009）检测，提供有资质的第三方检测报告

表 2-23　高固体分涂料和无溶剂涂料指标要求

一级指标	二级指标			单位	基准值	判定依据
品质属性	质量性能			—	应满足产品明示的标准中最高等级的技术要求	提供有资质的第三方检测报告
	施工状态判定			—	通过	依据《绿色产品评价涂料》（GB/T 35602—2017）A.9 现场检查，或检测
	挥发性有机化合物（VOC）含量	高固体分涂料	木器涂料	g/L	≤275	依据《绿色产品评价涂料》（GB/T 35602—2017）A.5 检测，提供有资质的第三方检测报告
			其他 底漆	g/L	≤250	
			其他 中间漆	g/L	≤200	
			其他 面漆（含清漆）	g/L	≤250	
		无溶剂涂料		g/L	≤60	
	总挥发性有机化合物释放量（限木器涂料、地坪涂料）			mg/m³	—	提供有资质的第三方检测报告
	甲醛释放量（限木器涂料、地坪涂料）			mg/m³	—	

一级指标	二级指标		单位	基准值	判定依据
品质属性	挥发性芳香烃含量	苯	%	≤0.1	按《涂料中苯、甲苯、乙苯和二甲苯含量的测定 气相色谱法》（GB/T 23990—2009）检测，提供有资质的第三方检测报告
		甲苯	%	≤0.1	
		乙苯和二甲苯	%	≤9	
		其他类型的挥发性芳香烃	%	≤2	提供证明材料（不得添加物质的污染限值均为0.1%）
		苯乙烯和乙烯基甲苯 污染限值均为0.1%（限不饱和树脂涂料）	%	不得添加	
	乙二醇醚及其酯（乙二醇丁醚、乙二醇苯醚、二乙二醇丁醚、乙二醇丁醚醋酸酯、二乙二醇丁醚醋酸酯）含量总和		%	≤1	按《色漆和清漆 挥发性有机化合物（VOC）含量的测定 气相色谱法》（GB/T 23986—2009）检测，提供有资质的第三方检测报告
	残余化合物含量	胺类固化剂中残余有害芳香胺含量总和	%	≤0.1	提供证明材料
		聚氨酯固化剂中游离异氰酸酯含量总和	%	≤0.5	按《色漆和清漆用漆基异氰酸酯树脂中二异氰酸酯单体的测定》（GB/T 18446—2009）检测，提供有资质的第三方检测报告
		单组分湿固化聚氨酯涂料中游离异氰酸酯含量总和	%	≤0.25	
	重金属元素含量（限木器涂料用色漆）	铅（Pb）	mg/kg	≤20	依据《绿色产品评价涂料》（GB/T 35602—2017）A.8检测，提供有资质的第三方检测报告
		镉（Cd）	mg/kg	≤20	
		六价铬（Cr^{6+}）	mg/kg	≤20	
		汞（Hg）	mg/kg	≤20	
		砷（As）	mg/kg	≤20	
		钡（Ba）	mg/kg	≤100	
		硒（Se）	mg/kg	≤20	
		锑（Sb）	mg/kg	≤20	
		钴（Co）	mg/kg	≤20	

一级指标	二级指标		单位	基准值	判定依据
品质属性	重金属元素含量（限大气腐蚀环境 C1、C2、C3 条件和埋在水中、土壤中条件下色漆）（除木器涂料外）	铅（Pb）	mg/kg	≤200	
		镉（Cd）	mg/kg	≤100	
		六价铬（Cr⁶⁺）	mg/kg	≤200	
		汞（Hg）	mg/kg	≤200	
	N-甲基吡咯烷酮（NMP）、N,N-二甲基甲酰胺（DMF）、异佛尔酮		—	均不得添加	按《色漆和清漆 挥发性有机化合物（VOC）含量的测定 气相色谱法》（GB/T 23986—2009）检测，提供有资质的第三方检测报告（不得添加物质的污染限值均为 0.1%）
	有机锡化合物（限木器涂料）		—	不得添加	提供证明材料（不得添加物质的污染限值均为 50 mg/kg）
	芳香族过氧化物类固化剂（限不饱和树脂涂料）		—	不得添加	提供证明材料（不得添加物质的污染限值为 0.1%）
	涉及在体内验证试验中确认具有内分泌干扰的生物杀伤剂（限防污涂料）		—	不得添加	提供全部生物杀伤剂使用清单（不得添加物质的污染限值均为 50 mg/kg）
	涉及致癌性、生殖细胞致突变性、生殖毒性中类别 1 的生物杀伤剂（限防污涂料）		—	不得添加	
	沥青		—	不得添加	提供证明材料（不得添加物质的污染限值为 0.1%）
	光稳定剂（UV-320、UV-327、UV-328、UV-350）		—	不得添加	提供证明材料（不得添加物质的污染限值均为 50 mg/kg）
	安全标签		—	符合《化学品安全标签编写规定》（GB 15258—2009）要求	提供证明材料

一级指标	二级指标	单位	基准值	判定依据
品质属性	产品安全技术说明书（SDS）	—	符合《化学品安全技术说明书　内容和项目顺序》要求	提供证明材料

（7）家具制造业其他相关技术规范

家具制造业在胶黏剂、防毒防尘、安全防爆、污染物收集设置设计等方面还有诸多相关的技术规范，如表 2-24 所示。

表 2-24　家具制造业其他相关技术规范

序号	政策名称	发布部门	文号/发布时间
1	环境标志产品技术要求　胶黏剂	环境保护部	HJ 2541—2016
2	胶黏剂不挥发物含量的测定	国家技术监督局	GB/T 2793—1995
3	胶黏剂与建筑类涂料挥发性有机物含量限值标准	北京市环境保护局	DB 12/3005—2017
4	木材工业胶黏剂用脲醛、酚醛、三聚氰胺甲醛树脂	国家质量监督检验检疫总局	GB/T 14732—2017
5	家具制造业防尘防毒技术规范	国家安全生产监督管理总局	AQ/T 4211—2010
6	焊接工艺防尘防毒技术规范	国家安全生产监督管理总局	AQ 4214—2011
7	粉尘爆炸危险场所用除尘系统安全技术规范	国家安全生产监督管理总局	AQ 4273—2016
8	木材加工系统粉尘防爆安全规范	国家安全生产监督管理总局	AQ 4228—2012
9	涂装作业安全规程喷漆室安全技术规定	国家质量监督检验检疫总局、中国国家标准化委员会	GB 14444—2006
10	排风罩的分类及技术条件	国家质量监督检验检疫总局、中国国家标准化委员会	GB/T 16758—2008
11	局部排风设施控制风速检测与评估技术规范	国家安全生产监督管理总局	AQ/T 4274—2016

注：由于本书篇幅所限，上述规范的主要技术内容不再一一列举，读者可根据文号在使用时进行查询。

3 / 家具制造业生产工艺及产排污分析

3.1　生产工艺及产排污环节

3.1.1　木质家具制造工艺及产排污分析

（1）定义及产品分类

木质家具（含实木家具）是指以木材或人造板为基本材料，配以各种饰面材料（包括木皮），经封边、喷漆修饰而制成的家具。木材即原木经过处理而成。人造板是指原木经机械加工分离成为各种形状的单元材料，再经组合、压制成的各种板材，其品种有胶合板、纤维板、刨花板、细木工板、空心板等。

（2）工艺流程

木质家具生产工艺流程主要由备料、机加工、贴面/封边、油漆涂饰、组装以及产品包装或装配等诸多环节组成，生产工艺单元主要有木工车间、涂装车间、组装包装车间。典型木质家具制造工艺流程如图 3-1 所示。

（3）污染物产生与排放分析

1）废气产生与排放分析

结合木质家具制造工艺流程分析，木质家具制造过程中大气污染物排放主要包括含 VOCs 原辅材料（涂料、胶黏剂等）使用造成的 VOCs 排放和木材加工过程及喷漆后漆面打磨处理过程的颗粒物排放，其中主要特征污染物为 VOCs。木质家具制造企业的主要大气污染物产排情况如表 3-1 所示。

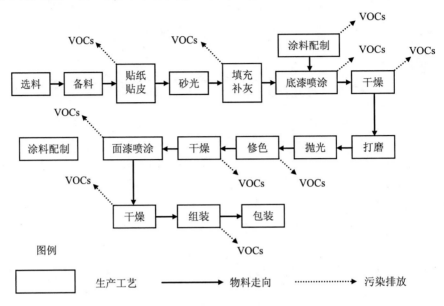

图 3-1 典型木质家具制造工艺流程

表 3-1 木质家具制造企业主要大气污染物产排情况

大气污染物产生环节		颗粒物排放	VOCs 排放源
机械加工	锯床/刨床/铣床/钻床	木粉尘/含胶木粉尘	—
砂光砂磨	打磨/砂磨机	木粉尘	—
贴面	贴纸	—	有机溶剂挥发
	贴板（木皮）	—	有机溶剂挥发
喷漆	底漆	—	有机溶剂挥发
	打砂	混合类粉尘（木、胶、树脂、漆等）	—
	面漆	—	有机溶剂挥发、过度喷漆产生的漆雾
清洗	喷枪、喷头清洗	—	有机溶剂挥发

从污染物角度对其产生来源及排放情况进行分析：

①颗粒物产生与排放

颗粒物排放主要产生在木工车间的各种机械加工过程以及喷漆车间喷涂底漆后的漆面打磨处理过程。

凡是以木质材料或植物为基材的机械加工过程，其颗粒物排放主要存在于生产过程中的开料、锯料、钻孔、开榫、砂光和抛光等过程，分大、中、细三种类型。各种刨床、铣床切削所产生的木花、木片、木丝等，属大型粉尘；各种锯床、钻床切削所产生的木屑属中型粉尘；各种砂磨机、抛光机所产生的细型木粉属细型粉尘。

家具制造产生粉尘的工艺和设备有：木工锯机、刨床、铣床、开榫机、钻床、磨光机和抛光机等。木工锯机产生的木屑粉尘直径较大，飞溅速度快，但尘源点相对固定和集中，易于捕集；木工刨床木屑多为块状和粒状，伴随少量细粉尘，尘源点也相对集中固定，易于捕集；木工铣床木屑料直径较大，飞溅速度快，尘源不太集中，捕集有一定难度；木工钻床产生的木屑粉尘粒径较大，粉尘量较小，但尘源点不太固定，收集有一定难度；木工车床木屑为块状或条状，体积较大，粉尘量较小，但尘源点不固定，不易收集；抛光机或磨光机是对底漆过后的表面进行再加工的设备，对于形状规则、表面积较大的情况可以采用这两种机械设备，但是更多的情况是采用人工利用砂纸进行打磨的操作，粉尘量大，颗粒细小，尘源点较分散且不太固定，难以收集。

此外，实木家具加工过程中颗粒物的产生与人造板加工过程又略有区别：

实木家具首先要经过配料工序，此工序主要产生一些小木块和锯屑的粉尘，锯路小，粉尘干燥，粉尘粒径较小，在空气中滞留时间较短。其次对毛料进行精加工和成型加工工序主要产生片状刨花和铣削木屑，属中型木尘，粒径较大。虽然大部分的设备配置了吸尘装置，但仍有一部分没有被完全吸收的粉尘，飞散在空气中，它在空气中的停留时间较短，能较快地散落地面。第三是零部件在涂饰环节的表面修整加工，如涂饰过程中的细砂和磨光处理等，此道工序产生木粉、油漆粉尘、含胶粉尘等，粉尘产生最为严重，加上零件的多样性，处理过程多以人工操作为主。人工操作没有专业的吸尘设备，且砂光和磨光处理中的粉尘粒径小，粉尘悬浮于空气中，对环境和工人身体造成较大的危害。

以人造板为基材生产的家具称为板式家具，这种家具以中密度纤维板、刨花板、胶合板、细木工板、三聚氰胺板等人造板为主要材料，采用专用的五金连接件或圆棒榫连接装配而成。由于板材幅面规范、设备自动化程度高，所以加工工艺较简单。人造板的开料过程锯出的板材平直、光洁、断面形状规整，产生的粉尘主要是锯屑，粉尘粒径小，会飘浮在空气中。板式部件经表面贴面后，根据其最终形状、尺寸在长度和宽度方向需进行边部切削及铣型等加工，会产生一定的锯屑和铣屑粉尘。产生粉尘最严重的同样是在板式部件的砂光处理阶段和涂饰操作过程中的砂光、磨光环节，这两个过程会产生大量细型木屑和粉尘，对环境造成污染。

②VOCs产生与排放

涂装工艺过程是木质家具制造VOCs排放的主要环节。

木质家具涂装技术包括喷涂、刷涂、辊涂、淋涂、静电喷涂等。随着环保形势的日益严峻，一些规模较大的企业已采用机械化涂装设备，主要包括自动往复式喷涂箱、静电喷涂以及机械手。

木质家具涂装过程包括上底色、底涂、色漆、面漆等2～3个或全部过程。传统的家具喷漆均为手工喷漆，企业一般多采用敞开式手工喷漆房作业。手工喷漆房有干喷和湿喷两种方式，湿喷在喷漆过程中通过安装水幕装置去除过喷漆雾，经水幕去除漆渣后的气体再经其他VOCs治理设施治理后排放或直接排放。

当家具生产采用先涂装、再组装的方式，且组成部件较为平整或相对平整时，可以采用刷涂、辊涂、淋涂、喷涂等方法。刷涂、辊涂及淋涂工艺的涂料利用率较高，可以超过70%，甚至高达90%以上。

喷涂工艺最常用的包括压缩空气喷涂、空气辅助无气喷涂等方法。空气喷涂法与刷涂相比具有较高的生产效率，可以产生均匀的漆膜，涂层细腻光滑；对于零部件里较隐蔽的位置（如缝隙、凹凸），也可均匀地喷涂。此喷涂技术的缺点是涂料利用率较低，根据喷件的大小和形状效率在 20%～40%，尤其是喷涂框架结构家具时，涂料利用率甚至仅为 10%～20%，产生的 VOCs 较多。

随着涂装机械化设备的研发和使用，目前有一定条件的企业底漆工序开始采用辊涂工艺，涂料以光固化涂料为主，涂装件经过辊涂机辊涂涂料后立即被输送到后续的光固化设备，整个过程仅在辊涂的过程中有一定的 VOCs 排放，在固化过程中由于反应活性剂在紫外光的作用下发生了聚合反应，排放相对较低。

另外，往复式喷涂箱、静电机械手、吊挂线静电旋杯/旋碟等涂装设备近几年也得到快速推广使用。往复式喷涂箱实现了 90% 的封闭作业，因此喷漆过程产生的 VOCs 基本能得到有效收集。静电机械手、吊挂线静电旋杯/旋碟等涂装设备由于生产线的工艺设计较长，涂装效率得到极大的提高，涂料消耗量有所减少，但废气无法得到很好的收集。

综上所述，木质家具制造过程 VOCs 的排放主要有以下特点：

a. VOCs 的排放与使用的涂料类型有关，涂装相同面积时，使用油性涂料产生的 VOCs 最多，水性涂料次之，粉末涂料最少。

b. VOCs 的排放与涂装技术有关。涂装相同面积时，空气喷涂技术涂料使用量最大，因而产生的 VOCs 最多，辊涂和刷涂等工艺产生的 VOCs 较少。

c. VOCs 的排放与企业管理水平和操作工人的操作方式密切相关，对于管理水平较差、工人操作方式比较粗放的企业而言，为了追求生产效率，工人在喷涂时往往将喷枪的雾化程度调到最大限度，使喷出的涂料量达到最大，同时距待喷件的距离甚至超过 35 cm 或更远，使得喷出的涂料在空气中呈严重的飞散状态，大大降低了涂料的传输和使用效率，导致 VOCs 的排放量增加。

其他排放有机气体的环节有调漆和干燥过程，在此过程中由于有机溶剂的挥发，产生有机废气排放。

2）废水产生与排放分析

木质家具生产过程中的废水，主要是生活污水和喷漆工艺中水帘处理、清洗等工序产生的废水。生活污水一般来说通过地下管网进入市政的污水处理系统，污染性较小。喷漆工艺产生的废水具有较大的污染性，主要污染物为化学需氧量（COD）、悬浮物（SS）等。该废水浓度高、色度深、可生化性差，且具有毒性，若进入河流水体，对水体会造成严重危害，且造成水体物理化学性质恶化，从而污染水质。喷漆工艺产生的废水是木质家具制造业废水污染防治的重点。

3）固体废物产生与排放分析

木质家具制造的固体废物主要分为生活垃圾、一般工业固体废物、危险固体废物。生活垃圾，即员工日常生活过程中产生的生活垃圾，集中收集后交环卫部门清运处理；一般工业固体废物包括木料碎屑、开料粉尘、打磨粉尘以及废包装材料等，可集中收集后出售给废品回收站回收处理；危险固体废物包括生产过程中产生的胶水桶罐、醋酸异戊酯桶罐、油漆桶罐、水帘柜打捞废油漆渣，须交由有危险废物处理资质的第三方处理，不得随意丢弃、堆置。

3.1.2 金属家具制造工艺及产排污分析

（1）定义及产品分类

以金属管材、板材或棍材等作为主架构，配以木材、各类人造板、玻璃、石材等制造的家具和完全由金属材料制作的铁艺家具，统称金属家具。按结构的不同特点，可将金属家具分为固定式、拆装式、折叠式和插接式；根据结构不同，金属家具的连接形式也不同，有焊接、铆钉连接和销连接等。

（2）工艺流程

金属家具生产使用的原辅材料主要包括管材、板材、各种五金材料、涂料等，其生产工艺过程主要包括备料、开料、冲、铣、折弯、焊接打磨、前处理（酸洗、除油、除锈、洗涤、磷化或无磷硅烷化等）、涂装（喷涂、干燥、漆面打磨等）、组装、包装入库等工序。典型金属家具制造工艺流程如图 3-2 所示。

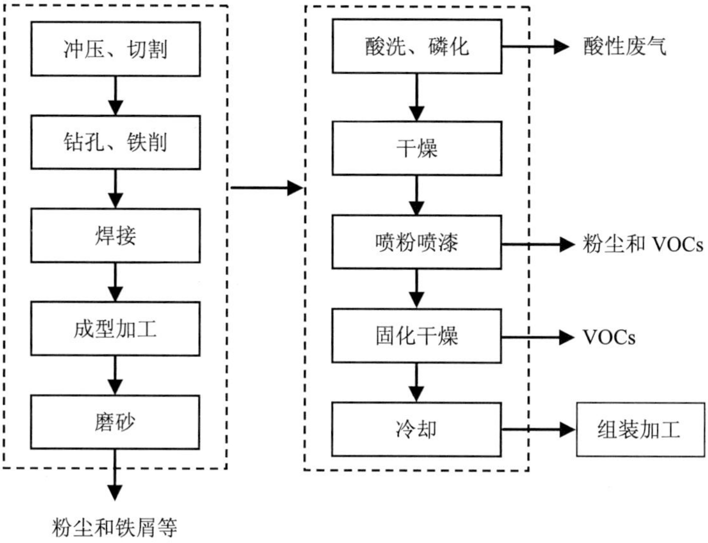

图 3-2 典型金属家具生产工艺流程

（3）污染物产生与排放分析

金属家具制造企业的污染物产生与排放情况如表 3-2 所示。

表 3-2 典型金属家具制造企业污染物产生与排放情况

生产工序	污染物种类
基材冲压切割	铁屑、烟尘
焊接	烟尘
打孔	铁屑、烟尘
金属家具表面前处理	脱脂废水、磷化废水、冲洗废水
金属家具喷粉/漆	粉尘、VOCs
喷粉高温固化	VOCs
喷漆烘干	VOCs
磷化废水处理	磷化废水污泥、磷化渣

1）废气产生与排放分析

当前，金属家具的涂装工艺以粉末喷涂为主，多采用静电喷粉和辅助手工补喷的方式,喷粉过程的颗粒物采用负压收集、离心旋风布袋过滤,收集的粉末涂料可以重复利用,在高温固化过程中有极少量的VOCs成分排放,因此VOCs不再是金属家具的主要排放污染物。金属家具的焊接、打磨、粉末喷涂环节产生的颗粒物排放可占全厂颗粒物排放的90%以上。

2)废水产生与排放分析

相比于木质家具制造,金属家具制造的主要产排污环节是表面前处理过程,主要涉及水污染物的产生和排放。传统的表面预处理工艺涉及预脱脂、脱脂、酸洗、磷化、多级冲洗、软水冲洗等过程,产生含油废水、酸性废水、磷化废液、冲洗废水等多种废水。磷化废液含重金属镍,但生产过程磷化液采用循环使用工艺,少量冲洗水带走的含镍废水也先经过车间预处理后再排放到厂区综合污水处理站。近年来,随着工艺的改进,越来越多的磷化工艺被无磷硅烷化工艺取代,不再涉及镍的产生和排放。冲洗水采用的是逐级回用方式,因此,废水产生量相对较少,且具有不连续排放的特点。

3)固体废物产生与排放分析

金属家具制造的固体废物主要分为生活垃圾、一般工业固体废物、危险固体废物。生活垃圾,即员工日常生活过程中产生的生活垃圾,集中收集后交环卫部门清运处理;一般工业固体废物包括金属边角料及除尘设备收集的金属颗粒物等,可集中收集后出售给废品回收站回收处理;危险固体废物包括金属磷化工序废水处理产生的污泥、磷化渣等,须交由有危险废物处理资质的第三方处理,不得随意丢弃、堆置。

3.1.3　软体家具制造工艺及产排污分析

(1)定义及产品分类

软体家具主要指的是以海绵、织物为主体的家具,如软体沙发、软体床等。

(2)工艺流程

软体家具生产使用的原辅材料主要包括木材、板材、弹性材料(如弹簧、蛇簧、拉簧等）、软质材料（如棕丝、棉花、乳胶海绵、泡沫塑料等）、绷结材料（如绷绳、绷带、麻布等）、装饰面料及饰物（如棉、毛、化纤织物及牛皮、羊皮、人造革等）、涂料、胶黏剂等，其生产工艺过程主要包括木材和板材的备料、开料、内/外架加工、外架涂装、打底布、贴海绵、皮和布的备料、裁切、缝接、扣皮、包装入库等工序。生产工艺单元除了木质家具企业主要的车间以外，还包括喷胶车间和纺织品或皮革的剪裁车间。典型软体家具制造工艺流程如图 3-3 所示。

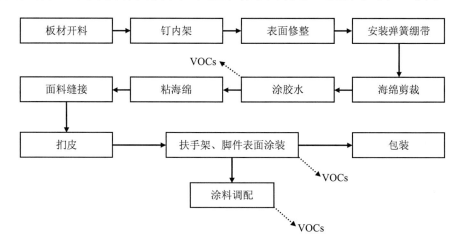

图 3-3　典型软体家具制造工艺流程

（3）污染物产生与排放分析

软体家具生产过程中木材加工和涂装工序的污染物产生与排放参考本章 3.1.1 节中关于木质家具污染物产生与排放的相关分析。软体家具生产过程中金属件加工和涂装工序的污染物产生与排放参考本章 3.1.2 节中关于金属家具污染物产生与排放的相关分析。

软体家具制造的大气特征污染物为海绵加工过程和胶黏剂储存、转运及使用过程产生的 VOCs。此外，与木质家具和金属家具相比，软体家具制造的一般固体废物增加了皮革/布料/海绵等的边角料，危险废物增加了废胶黏剂。

3.2 木质家具行业涂料使用情况及 VOCs 成分分析

鉴于木质家具的涂料是家具制造业当前最受关注的环境污染源，本节将对木质家具制造业涂料使用情况、涂料溶剂和稀释剂的主要 VOCs 成分进行简要介绍，使读者对家具制造业环境污染了解得更加全面和深入。

（1）木质家具涂料的种类及特点

不同产品类型的木质家具制造企业使用的涂料类型和涂装工艺会有所不同。家具涂料种类较多，分为三大类：油性涂料、水性涂料、紫外光固化涂料（UV涂料）。油性涂料主要包括聚氨酯类涂料、硝基类涂料、醇酸类涂料，单位产品中含有的挥发性有机物最多，也是木质家具制造业使用最多的一类涂料；水性涂料是近年来在家具制造业新兴的一类涂料，该种涂料性能上略逊于油性涂料，但挥发性有机物含量大大减少，可以有效减少挥发性有机物的排放。不同类型木质家具涂料的特点及适用情况见表 3-3。

表 3-3　木质家具不同类型涂料的特点及适用情况

序号	油漆类别	油漆符号	优缺点及特点
1	聚氨酯涂料	PU	通常称为固化剂组分和主剂组分。 优点：一般都具有良好的机械性能、较高的固体含量，各方面的性能都比较好。 缺点：施工工序复杂，对施工环境要求很高，漆膜容易产生弊病
2	硝基涂料	NC	溶剂主要有酯类、酮类、醇醚类等真溶剂，醇类等助溶剂，以及苯类等稀释剂。 优点：装饰作用较好，施工简便，干燥迅速，对涂装环境的要求不高，具有较好的硬度和亮度，不易出现漆膜弊病，修补容易。 缺点：固含量较低，需要较多的施工道数才能达到较好的效果；耐久性不太好，使用时间稍长就容易出现诸如失光、开裂、变色等弊病；漆膜保护作用不好，不耐有机溶剂、不耐热、不耐腐蚀。此外，由于硝基涂料易燃易爆且 VOCs 含量高，目前仅限工厂化涂装使用

序号	油漆类别	油漆符号	优缺点及特点
3	不饱和聚酯涂料	PE	分为气干性不饱和聚酯和辐射固化（光固化）不饱和聚酯。 优点：可以制成无溶剂涂料，一次涂刷可以得到较厚的漆膜，对涂装温度的要求不高，而且漆膜装饰作用良好，漆膜坚韧耐磨，易于保养。 缺点：固化时漆膜收缩率较大，对基材的附着力容易出现问题，气干性不饱和聚酯一般需要抛光处理，手续较为烦琐，辐射固化不饱和聚酯对涂装设备的要求较高，不适合于小型生产
4	酸固化涂料	AC	优点：成本适中，耐候性优良、性能可调整性好，无有机溶剂释放等
5	紫外光固化涂料	UV	优点：为目前最为环保的油漆品种之一，固含量极高，硬度好，透明度高，耐黄变性优良，活化期长，效率高（是常规涂装效率的数十倍），涂装成本低（正常是常规涂装成本的一半）。 缺点：要求设备投入大，要有足够量的货源，才能满足其生产所需。连续化的生产才能体现其效率及成本的控制。辊涂面漆表现出来的效果略差于 PU 面漆产品。辊涂产品要求被涂件为平面。 常见的施工方式：辊涂 UV 底，喷 PU 面（实色、透明漆皆可）；辊涂 UV 底，辊涂 UV 面（实色、透明漆皆可）；辊涂 UV 底，淋涂 UV 面（实色、透明漆皆可）；喷涂 UV 底，喷涂 UV 面（实色、透明漆皆可）
6	水性涂料	W	优点：为目前最为环保的油漆品种之一，施工极为方便。干燥时间快，施工效率高；活化期较长；漆膜干燥后，无任何气味。 缺点：漆膜比较薄，丰满度不够，硬度不高。 常见的施工方式：手工喷涂为主

传统出口家具企业硝基类涂料使用较多。近十年不饱和聚酯涂料和聚氨酯涂料的使用比例在不断增加，并且成为家具制造业使用的主流涂料。水性涂料和紫外光固化涂料的用量也在不断增加，但是总量占比还很低。2017 年，全国水性涂料及紫外光固化涂料的产量仅占木器涂料的 10%左右。

（2）不同类型木质家具涂料溶剂及稀释剂的主要 VOCs 成分

涂料溶剂及稀释剂的使用是木质家具制造企业 VOCs 产生的最主要原因。不同类型木质家具涂料溶剂及稀释剂的主要成分如表 3-4 和表 3-5 所示。可以看出，聚氨酯类涂料、醇酸类涂料所使用的有机溶剂主要为二甲苯和酮类，硝基类涂料所用有机溶剂主要为乙酸丁酯、酮类、醇类、甲苯和苯；聚氨酯类涂料、醇酸类涂料所使用的稀释剂主要为二甲苯、酮类和乙酸丁酯，硝基类涂料所用的稀释剂主要为甲苯、丙酮、醇类和酯类。因此，木质家具制造企业由涂料使用所排放的 VOCs 种类包括苯、甲苯、二甲苯、酮类、乙酸丁酯、醇类等。

表 3-4　木质家具涂料的主要溶剂成分

涂料类型	所使用的有机溶剂
聚氨酯树脂涂料	二甲苯、环己酮、醋酸丁酯、丁酮
硝基涂料	乙酸丁酯（乙酯、戊酯）、丙酮、丁酮、乙醇、丁醇、二丙酮醇、甲苯、苯
醇酸树脂涂料	二甲苯、松香水、松节油
环氧树脂涂料	丙酮、丁酮、乙基（丁基）溶纤剂、甲苯
沥青涂料	重质苯、煤油、二氯（三氯）甲烷
酚醛树脂涂料	丁醇、醇酸丁酯、甲苯
有机硅树脂涂料	甲苯、丁醇、醋酸丁酯、丙酮、丁酮
过氯乙烯涂料	醋酸丁酯、丙酮、丁酮、甲基异丁基酮、二甲苯、苯
聚酯树脂涂料	甲基异丁基酮、150 号及 200 号溶剂油
氨基树脂涂料	二甲苯、丁醇
丙烯酸树脂涂料	二甲苯、丁醇、乙二醇、丙酮、丁酮
水性涂料	乙二醇醚及其酯类、丙二醇醚

表 3-5　木质家具涂料的主要稀释剂成分

油漆名称	稀释剂成分
聚氨酯涂料	环己酮、乙酸丁酯、无水二甲苯
硝基涂料	乙酸正丁酯、乙酸乙酯、正丁醇、乙醇、丙酮、甲苯
醇酸树脂涂料	二甲苯、200 号油漆溶剂油或松节油
聚酯树脂涂料	二甲苯、溶剂油、丁酯、环己酮
丙烯酸树脂涂料	乙酸丁酯、乙酯、乙醇、丁醇、甲苯

4 / 家具制造业全过程环境整治提升方案

近年来，我国 VOCs 污染防治提出"一厂一策"管理制度，要求涉 VOCs 重点企业结合自身实际情况编制切实可行的污染治理方案，明确原辅材料替代、工艺改进、无组织排放管控、废气收集、治污设施建设等全过程减排要求。

本章内容秉承了清洁生产理念，基于家具制造业生产工艺流程，结合国家及地方的政策法规、标准和技术规范等，制定出家具制造业全过程环境整治提升方案，以期为家具制造企业开展"一厂一策"提供指导。

4.1 源头控制要求

VOCs 的源头控制措施重点提倡选用低 VOCs 或无 VOCs 的环保型原辅材料，从工艺的源头减少 VOCs 输入量，实现生产过程 VOCs 减排的目的。

①木质家具——鼓励企业采用水性涂料或 UV 涂料，水性涂料应符合《环境标志产品技术要求 水性涂料》（HJ 2537—2014）的规定，清漆中 VOCs 含量≤80 g/L，色漆中 VOCs 含量≤80 g/L，腻子中 VOCs 含量＜10 g/kg，紫外光固化涂料≤100 g/L。

②木质家具——采用溶剂型涂料的应符合《环境标志产品技术要求 家具》（HJ 2547—2016）的规定，聚氨酯类涂料面漆中 VOCs 含量≤600 g/L，底漆中 VOCs 含量≤570 g/L，硝基类涂料中 VOCs 含量≤650 g/L，醇酸类涂料中 VOCs 含量≤450 g/L。

③软体沙发——须采用水性胶黏剂（白乳胶）或无溶剂型胶黏剂。水性胶黏剂应参照符合《环境标志产品认证技术要求 黏合剂》（HBC 18—2003）的规定，游离甲醛含量≤100 mg/kg，或者参照《深圳经济特区技术规范 家具成品及原辅材料中有害物质限量》（SZJG 52—2016）VOCs 含量≤110 g/L。

④金属家具——须采用粉末涂料（不含溶剂、100%固体）。

⑤新建项目中低挥发性有机物含量涂料（水性涂料等）占总涂料使用量的比例不应低于 50%。水性涂料应符合《环境标志产品技术要求 水性涂料》（HJ 2537—2014）的规定，水性涂料的清漆中 VOCs 含量≤80 g/L，色漆中 VOCs 含量≤70 g/L，腻子中 VOCs 含量<10 g/kg；粉末涂料为不含溶剂、100%固体。

4.2　过程控制要求

过程控制要求主要着眼于对生产过程的管理，从原辅料储存、生产工艺和装备等方面提高污染物的控制水平。

①规范原辅料的储存。所有有机溶剂及含有机溶剂的原辅料（涂料、稀释剂、固化剂、胶黏剂和清洗剂等）采取密封储存。减少使用小型桶装涂料、稀释剂，改用大桶装。属于危险化学品的应符合《危险化学品安全管理条例》（2013 年修订）的相关管理规定。所列原辅材料应限定区域存放，分类集中并设置专职管理人员，使用过程中应建立台账以便于日后优化用量。所有含 VOCs 的物料需建立完整的购买、使用记录，记录中必须包含物料的名称、VOCs 含量、物料进出量、计量单位、作业时间以及记录人等。

②规范原料调配和转运。涂料调配应设置独立的密闭车间，转运过程应采用密闭的盛装容器。涂料使用前后必须及时封闭容器口（包括空的容器），防止溢散。

③规范原辅料使用。禁止敞开式涂装作业，禁止露天和敞开式晾（风）干。所有喷涂作业应尽量在有效 VOCs 收集系统的密闭空间内进行，鼓励企业使用集中供料系统，无集中供料系统的辊涂、淋涂等作业应采用密闭的泵送供料系统。

④规范原辅料回收。应设置密闭的物料回收系统，淋涂作业应采取有效措施收集滴落的涂料。涂装和黏合作业结束应将剩余的所有涂料、胶黏剂及其他含VOCs 的辅料送回调配间或储存间。生产过程及生产间歇均应保持盛放含 VOCs 原辅材料的罐密封。

⑤规范人工涂装操作条件（如喷涂时喷枪压力为 0.2～0.3 MPa，喷枪距离为 15～20 cm），加强对生产工人的技能培训，尽可能提高涂料和胶黏剂的利用率（涂料利用率应≥80%，胶黏剂利用率应≥90%）；喷漆机和喷枪在停机状态应及时清洗，清理后注入稀料，维持 0.1～0.2 MPa 的泵压，稀料桶应加盖，减少挥发。

⑥推行密闭化生产。上漆、干燥和黏合工序应在密闭或接近密闭车间内进行，严禁在露天使用涂料、干燥家具、黏合操作。

⑦鼓励钣金企业喷砂工艺采用抛丸处理，钢砂循环利用率达到99%以上。

⑧加强生产过程设备设施跑、冒、滴、漏检查与维修。

⑨厂区地面应实施硬化，裸露部分应进行绿化，厂区内外环境卫生应保持干净整洁。车间内地面、设备、墙壁保持洁净，并安排专人随时进行打扫。

4.3　污染防治可行技术要求

使用先进的生产设备和技术。鼓励企业采用密闭型生产成套装置，推广自动连续化喷涂设备，提高涂料利用效率，降低废气收集和处理负荷；鼓励企业采用辊涂、静电喷涂、高压无气喷涂、空气辅助无气喷涂、热喷涂等效率较高、VOCs 排放量少的涂装工艺。

根据《重点行业挥发性有机污染物综合治理方案》（环大气〔2019〕53 号）要求，企业采用符合国家有关低 VOCs 含量产品规定的涂料（如水性漆、紫外光固化涂料、粉末涂料等）、胶黏剂（水性胶黏剂、无溶剂型胶黏剂），且收集的废气中非甲烷总烃（NMHC）初始排放速率＜2 kg/h 时，在废气集中收集、除尘后，若排放浓度稳定达标且排放速率、排放绩效等满足相关规定的，相应生产工序可不要求建设末端治理设施。使用的所有原辅材料在即用状态下 VOCs 含量（质量分数）低于 10% 的工序，可不要求采取 VOCs 无组织排放收集措施。其中，水性涂料及胶黏剂的 VOCs 含量需是扣除水分后的含量。

4.4 污染物收集系统要求

①使用的原辅材料（VOCs 含量 ≥10%）的生产工艺装置或区域都应进行收集，包括涂胶黏合废气、涂料调配废气、涂装废气和干燥（含烘干、晾干、风干）废气等。收集系统能与生产设备自动同步启动或先于生产设备启动，同时保证废气收集系统与生产同时正常运行并满足安全相关规定。

②严格执行废气分类收集，禁止将涂漆废气和烘干废气混合收集与处理（温度较低的烘干废气除外）。

③打磨作业应设置具有通风除尘效果的打磨台。干法打磨台（室）不应采取下送上排的通风除尘方式，打磨位置不固定时应采用移动式除尘装置。木器打磨后的木屑粉末应及时清理。

④木工车间产生粉尘的工段应在粉尘逸出部位设置吸尘罩等控制措施，并根据自身工艺流程、设备配置、厂房条件和产生粉尘的浓度，采用就地除尘系统或集中除尘系统处理粉尘。设计除尘系统时，应合理确定系统风量、风速和其他技术参数，保证除尘系统能有效地发挥作用，除尘系统的管道设计风速应不低于 20 m/s。

⑤废气收集系统采用全密闭集气罩或密闭空间的，应保持微负压状态。废气收集系统排风罩（集气罩）的设置应符合《排风罩的分类及技术条件》（GB/T 16758—2008）的规定，根据员工操作方式，尽量靠近污染物排放点，确保废气收集效率。采用外部排风罩的，应按《排风罩的分类及技术条件》、《局部排风设施控制风速检测与评估技术规范》（AQ/T 4274—2016）规定的方法测量控制风速，测量点应选取在距排风罩开口面最远处的 VOCs 无组织排放位置，控制风速应不低于 0.3 m/s。

⑥使用溶剂型涂料、胶黏剂的喷漆房和喷胶车间应进行密封。换气风量根据车间大小确定，保证 VOCs 废气捕集率不低于 95%，底漆、面漆房等喷漆房密闭要求一致，采用整体密闭的生产线，密闭区域内换风次数原则上不少于 20 次/h；采用车间整体密闭换风，车间换风次数原则上不少于 8 次/h。所有产生 VOCs 的密闭空间应保持微负压，并保证在其中作业人员的新鲜空气供应量不少于每人 30 m³/h。

⑦废气捕集率评价方法：按照车间空间体积和 60 次/h 换气次数计算新风量，以有组织排放的实际风量与车间所需新风量的比值作为废气捕集率。当车间实际有组织排气量大于车间所需新风量时，废气捕集率以 100% 计。

⑧调漆车间和烘（晾）干车间应密闭后收集废气，涂装和上光工序优先选择全密闭方式收集废气，也可采用半密闭方式进行收集。换气风量根据车间大小确定，保证 VOCs 废气捕集率不低于 90%。

⑨喷漆室设计时，除满足安全通风外，任何湿式或干式喷漆室的控制风速应满足《涂装作业安全规程 喷漆室安全技术规定》（GB 14444—2006）中的相关要求，如表 4-1 所示。

表 4-1　涂装操作控制风速选择

操作条件 （工件完全在室内）	干扰气流/ （m/s）	类型	风速范围/（m/s）
静电喷漆或自动无空气 喷漆（室内无人）	忽略不计	大型喷漆室	0.25～0.38
		中小型喷漆室	0.38～0.67
手动喷漆	≤0.25	大型喷漆室	0.38～0.67
		中小型喷漆室	0.67～0.89
	≤0.50	大型喷漆室	0.67～0.89
		中小型喷漆室	0.77～1.30
手动无空气喷涂	忽略不计	大型喷漆室	0.25～0.38

⑩喷漆室的漆雾去除率应达到 95% 以上。干式漆雾捕集装置需根据涂装量和过滤器前后压差经常清理和更换过滤材料，约每周更换 1 次。湿式漆雾（尤其是

水帘）捕集装置必须与废气装置同时使用。对装置处理过程中产生的废水应记录好废水处置方式和处置去向，漆渣需统一收集后交由有资质的危险废物处理企业处理。

⑪VOCs 气体的收集和输送应满足《大气污染治理工程技术导则》（HJ 2000—2010）中的要求，集气方向与污染气流运动方向一致，管路应有走向标识。

4.5 "三废"污染防治设施要求

①污染防治设施确保正常使用。企业污染防治设施按照计划需要拆除、闲置或因检修暂停使用的，应提前 10 个工作日向监管部门书面报告，检修期间，产生污染物的工序不得生产使用；因突发故障不能正常运行的，应当及时采取措施修复，并在 24 h 内向监管部门报告，报告要说明故障原因、采取的措施等。

②安装大气污染处理设施的企业应做好记录，并至少保持 3 年。记录包括但不限于以下内容：

a. 催化焚烧装置：催化剂种类、用量及更换日期，催化床出口温度，设计空速，运行维护记录等。

b. 低温等离子体+光氧催化装置：催化剂种类、负载量及灯管更换次数、用电情况、运行维护记录。

c. 水帘吸收装置：应记录水帘水更换时间和频率，更换水的处理、水处置后去向，运行维护记录。

d. 其他污染控制设备，应记录主要操作参数及运行维护事项。

③喷涂废气应设置有效的漆雾预处理装置，鼓励采用干式过滤高效除漆雾、湿式水帘+多级过滤除湿联合装置、静电漆雾捕集等先进除漆雾装置。

④VOCs 质量分数≥10%的含 VOCs 原辅材料的使用过程应采用密闭设备（含往复式喷涂箱）或在密闭空间内操作，废气应排至 VOCs 废气收集处理系统。含

VOCs 原辅材料的使用过程包括但不限于以下作业：

a. 调漆、调胶等。

b. 涂装、施胶、流平、干燥、辐射固化工序等。

c. 喷枪清洗。

⑤生产过程中产生的 VOCs 废气应根据废气产生量、污染物成分特征、风量和排放条件（温度、湿度、压力和颗粒物）等因素综合分析后合理选择适宜的处理技术及设备。应实行排放浓度与去除效率双重控制，治理设施去除效率应不低于 80% 并不产生臭氧等二次污染。

对于质量浓度≤200 mg/m³ 的 VOCs 废气，经捕集后推荐采用活性炭吸附+定期脱附再生方式处理；对于质量浓度≥200 mg/m³ 的 VOCs 废气，经捕集后推荐采用吸附+催化燃烧处理。两种技术组合的具体技术参数及适用范围如表 4-2 所示。采用吸附处理工艺的，应满足《吸附法工业有机废气治理工程技术规范》（HJ 2026—2013）要求。采用催化燃烧工艺的，应满足《催化燃烧法工业有机废气治理工程技术规范》（HJ 2027—2013）要求。

表 4-2　VOCs 处理工艺技术

技术	成本	去除效率	单套装置适用气体流量范围/（m³/h）	适用 VOCs 质量浓度范围/（mg/m³）	适宜废气温度范围/℃	适用范围	备注
活性炭吸附+定期脱附再生	建设成本：活性炭模块化吸附装置 10 万元；第三方车载式脱附装置 40 万元（不含车辆）；综合运行成本：40 元/万 m³	活性炭吸附效率≥90%，脱附效率≥95%	≤20 000	≤200	≤40	家具制造等行业小规模企业的小风量、低浓度含 VOCs 废气。废气种类为苯系物、醇类、酯类等	废气中含有的颗粒物、粉尘等需进行预处理（≤10 mg/m³）

技术	成本	去除效率	单套装置适用气体流量范围/（m³/h）	适用VOCs质量浓度范围/（mg/m³）	适宜废气温度范围/℃	适用范围	备注
吸附+催化燃烧	建设成本50万元/万m³，综合运行成本20~35元/万m³	综合去除率80%~90%	≤100 000	≥200	≤40	家具制造等行业的大风量、中高浓度含VOCs废气处理。废气种类为苯系物、醇类、酯类等	废气中含有的颗粒物、粉尘等需进行预处理（≤10 mg/m³）

⑥除尘器在日常使用过程中，应2周进行1次检查和清灰，以保证除尘器的正常运转和使用，任何时候粉尘沉积厚度均不应超过3.2 mm。对处理能力大于8 640 m³/h 的除尘系统，应从材料的入口端至除尘器的管路配备火花探测器、水雾灭火喷嘴和高速电磁截止阀装置，并且在控制室能记录和显示火花示警次数，当每秒≥10 次时，水雾灭火喷嘴自动启动喷出水雾消灭火花，与此同时，除尘器风机应立即停止。水雾水源压力为0.8 MPa。

⑦对于新建项目（溶剂型涂料生产线）限制采用低温等离子法、光催化法污染防治设施，推荐采用活性炭吸附+定期脱附+催化燃烧工艺或催化燃烧法。

⑧各类废气处理设施的设计参数应满足《大气污染治理工程技术导则》（HJ 2000—2010）中的要求。对于生产生活用35 蒸吨/h 及以下燃煤锅炉应全部拆除，使用天然气锅炉排放的烟尘、二氧化硫和氮氧化物质量浓度分别应达到5 mg/m³、10 mg/m³、30 mg/m³。

⑨生产过程产生的废黏结剂、废机油、废胶桶、废漆桶、废漆渣等按照《危险废物贮存污染控制标准》（GB 18597—2001）要求在危险废物间内实施分类贮存并设置标识。危险废物间做好防渗、防漏、防流失，并按要求设置危险废物标识，执行双人双锁制度。同时危险废物应按照《危险废物转移联单管理办法》等规定进行处理处置，并做好相应贮存转移台账记录。其他一般固体废物按照国家

规范要求建设贮存于固定场所，做到防风、防雨、防流失。

⑩排气筒高度按照环境影响评价要求设置，环保标志牌设置规范，废气采样孔在采样结束后及时封闭。

4.6　监测及台账记录管理要求

①落实监测监控制度，企业每年至少开展 1 次 VOCs 废气处理设施进、出口监测和厂界无组织监控浓度监测，其中重点企业处理设施监测不少于 2 次，厂界无组织监控浓度监测不少于 1 次。监测需委托有资质的第三方进行，监测指标须包含原辅料所含主要特征污染物和非甲烷总烃等指标，并根据废气处理设施进、出口监测参数核算 VOCs 处理效率。

②对于采用符合国家有关低 VOCs 含量产品规定的涂料和胶黏剂，并申请在废气集中收集、除尘后，不建设或不运行 VOCs 末端治理设施的企业，应增加 VOCs 监控预警系统。在进口处设置 VOCs 监控预警系统，监控进口 VOCs 浓度不得高于执行标准要求。

③建立分表记电制度，对于使用溶剂型涂料企业，应将喷涂工序污染治理装置与其他工序严格分开计电，并做好台账记录。

④健全其他台账并严格管理，包括废气处理设施运行台账、含有机溶剂原辅料的消耗台账（包括使用量、废弃量、去向以及 VOCs 含量）等。

⑤环境管理档案资料规范化要求

A. 环境管理档案资料齐全。包括：

a. 环评审批手续（环评报告及批复、环保竣工验收报告）。

b. 有效期内的排污许可证正副本。

c. 有效期内的监测报告。

d. 与有资质企业签订的危险废物处置协议（涉及危险废物产生的单位）、危险废物转移联单、危险废物产生管理台账。

e. 污染防治设施运行及维护台账。

f. 重污染天气应急预案。

B. 环境管理制度及操作规程上墙张贴，设立环保公示栏。

⑥建立非正常工况申报管理制度，包括出现项目停产、废气处理设施停运、突发环保事故等情况时，企业应及时向当地生态环境部门进行报告并备案。

⑦落实"一厂一策"制度。鼓励辖区内 VOCs 排放量较大的家具企业组织专家团队开展《涉 VOCs 企业深度污染防治方案（"一厂一策"）》编制工作，明确原辅材料替代、工艺改进、无组织排放管控、废气收集、治污设施建设等全过程减排要求，测算投资成本和减排效益。

5／家具制造业源头预防与替代技术

5.1 环保涂料替代技术

涂料是造成家具 VOCs 污染的最重要来源，在选择涂料时应着重考虑涂料的环保性。新型的家具涂料必须向高固体、低游离聚氨酯类预聚物（TDI）含量、低 VOCs、低毒或无毒、节约资源、高性能、多功能方向发展。常用涂料的环保特性与施工方式如表 5-1 所示。

表 5-1　几种常见涂料的环保特性及施工方式

涂料	组分	固体分	主要污染物特点	施工方式
聚氨酯（PU）涂料	含羟基组分的油漆、含异氰酸酯的固化剂、含混合溶剂的稀释剂	施工时为 40%～50%	VOCs 含量高、游离 TDI	刷涂、手工喷涂、机械手喷涂、静电喷涂、淋涂、浸涂等
硝基（NC）涂料	硝基漆、天那水	35%～50%，施工时为 20%～30%	VOCs 含量高	多为刷涂、喷涂，亦可静电喷涂
不饱和聚酯（PE）涂料	油漆、兰水、白水、稀释剂	大于 75%，施工时大于 60%	VOCs 含量低，甲苯、二甲苯含量低	手工喷涂、倒模施工，亦可静电喷涂
紫外光固化（UV）涂料	漆、活性稀释剂	施工时可大于 95%	只有微量 VOCs 释放	淋涂、辊涂、静电喷涂、手工喷涂
水性（W）涂料	水溶性树脂	30%～50%	只有微量 VOCs 释放	刷涂、喷涂

①不饱和聚酯（PE）涂料固体含量可高达 75%以上，施工固体分也高，可达 60%以上，因此 VOCs 含量较低。甲苯、二甲苯含量较低，更不含游离 TDI。由于白、黑漆占主导，清漆居多，故重金属含量易达标。PE 涂料丰满度特别好，硬度可达 4H，但施工方式较 PU、NC 复杂，与底材的附着力比 PU、NC 略差，干燥速度受温度影响较大，气味不是很友好。

②紫外光固化（UV）涂料中活性稀释剂也参与成膜，施工固体分很高，可达 95%以上，只有很微量的 VOCs 释放。绝大部分为清漆，重金属含量很低。施工方式多样且较简单，干燥速度特快，几秒即可。成膜率高，丰满度好，硬度可达 3H。耐磨性、耐溶剂性、耐水性好，附着力好。

③水性（W）涂料用水作溶剂或者作分散介质，以水溶性树脂为成膜物。水性涂料包括水溶性涂料、水稀释性涂料、水分散性涂料（乳胶涂料）3 种。水性涂料仅采用少量低毒性醇醚类有机溶剂，占涂料 10%～15%，无毒无味，VOCs 释放量极少。水性涂料具有不燃不爆、安全性高、附着力强、不易变色、涂刷面积大等优点。但水性涂料硬度不够高，对基材封闭的要求比其他涂料高，干燥时间相对较长，耐水性较差，这些因素影响了水性涂料的应用推广。

5.2　环保胶黏剂替代技术

传统胶黏剂含有游离 TDI，所以有可能造成溶剂残留、易燃易爆、VOCs 排放等污染隐患。我国的环保法规日趋健全，加上人们身体健康意识的提高，传统的胶黏剂将被质量好、污染小的环保型胶黏剂取代。

（1）环保型胶黏剂之水基型胶黏剂

水基型胶黏剂是以水作为分散介质的胶黏剂，又分为水溶型胶黏剂、水分散型胶黏剂和水乳型胶黏剂。水基型胶黏剂按原料来源主要分为水基聚氨酯胶黏剂、水基聚丙烯酸酯胶黏剂、水基环氧胶黏剂、水基有机硅胶黏剂、聚醋酸乙烯类乳液胶、氯丁乳胶等。水基型胶黏剂主要包括酚醛、脲醛、三聚氰胺甲醛、聚乙酸乙烯乳液、EVA 乳液、聚丙烯酸酯乳液、水性聚氨酯，以及水乳性环氧胶，水乳性环氧胶在国内的发展属于起步阶段。

优缺点：水基型胶黏剂是胶黏剂发展趋势之一，与溶剂型胶相比，具有无溶剂释放、符合环境要求、成本低、不燃、使用安全等优点。固含量相对较高，可达 50%～60%。水的挥发较慢，使胶固化减慢或需加热干燥设备。国外很多政府部门颁布法令限制挥发性有机化合物的使用，胶黏剂从溶剂到水基型的转变已成必然，国内外正在大力研究开发相关产品。

（2）环保型胶黏剂之热熔胶

热熔胶通常是指在室温下呈固态，加热熔融成液态，涂布、润湿被黏物后，经压合、冷却，在几秒钟内完成黏接的高分子胶黏剂。热熔胶由聚合物基体、增黏剂、蜡类、抗氧剂、增塑剂和填充剂等组合配制而成，不含溶剂，100%固含量，无毒、无味，被誉为"绿色胶黏剂"。热熔胶按类型分为反应型热熔胶黏剂、水分散型热熔胶黏剂、生物降解热熔胶黏剂、热熔压敏胶等。

优缺点：热熔胶棒黏合速度快，便于连续化、自动化高速作业，且成本低；无溶剂公害，不燃烧；不需要干燥工艺，黏合工艺简单；产品本身是固体，便于包装、运输、储存，占地面积小；有较好的黏接强度，有柔韧性；可黏接对象广泛，既黏接又可密封；光泽和光泽保持度良好，屏蔽性好。但性能上有局限，耐热性不够，黏接强度不高，耐药品性差；需配备专门的热熔设备来施工，如热熔胶机、热熔胶枪；在黏接上会受气候、季节的影响。

（3）环保型胶黏剂之无溶剂型胶黏剂（又称反应胶）

无溶剂意味着黏合剂不含溶剂，溶剂不会挥发到大气中，不会造成污染或伤害。大多数环氧胶、厌氧胶、α-氰基丙烯酸酯胶、好氧改性丙烯酸酯结构胶、无溶剂聚氨酯胶和光固化胶都是无溶剂的。第三代无溶剂黏合剂的主要特点是：主剂使用末端异氰酸酯低聚物，降低了黏合剂中游离异氰酸酯的含量，进一步减少了环境污染，改变了热封强度；降低黏合剂的黏度，改善黏合剂对薄膜的润湿性，并改善黏合剂在薄膜表面上的涂布和分散性能。因此，可以提高无溶剂型黏合剂复合产品的质量,可以提高机器速度,并且可以提高生产效率。

优缺点:无溶剂黏合剂不易燃、不易爆,易于运输,因其不含有机溶剂而可安全存放;无溶剂黏合剂无残留溶剂,无毒、无害、无异味;在生产作业中,没有溶剂释放到空气中,不影响相关人员的健康;无溶剂复合设备无干燥系统,能耗低;生产快速,效率高。世界上无溶剂化合物的最高生产速度可达 480 m/min,溶剂型黏合剂的干燥复合速度只能达到其一半;无溶剂黏合剂的综合成本相对较低。当然,无溶剂黏合剂的购买价格高于其他产品,但胶水量较少,胶水量可节省 30%~40%,与溶剂型黏合剂相比,综合成本可降低 50% 以上。由于溶剂型产品需要干燥等工艺,生产速度慢,质量控制复杂,因此总成本高。然而,对无溶剂产品生产设备的初始投资相对较高。

(4)紫外光固化型胶黏剂

紫外光固化型胶黏剂也称为无影黏合剂、UV 黏合剂,是必须通过紫外线固化的黏合剂。它可以用作黏合剂或油漆、油墨。UV 是英文紫外线的缩写,是一种除可见光之外的电磁辐射,波长范围为 100~400 nm。

紫外光固化胶是一种利用光引发剂通过聚合、接枝、交联等紫外光照射下的化学反应引发不饱和有机单体快速聚合的黏合剂。根据聚合固化机理,UV 黏合剂可分为自由基型和阳离子型。

优缺点:固化速度快,固化可在几秒到几十秒内完成,有利于自动化生产线,提高劳动生产率;固化后可进行测试和运输,节省空间;室温固化,节约能源,例如,生产 1 g 光固化压敏胶所需的能量仅为生产等量水性黏合剂的 1%、溶剂型黏合剂的 4%。它可用于不适合高温固化的材料。与热固性树脂相比,UV 固化可节省 90% 的能量。固化设备简单,只需要灯具或传送带,可节省空间;单组分系统,无混合,易于使用;可用于温度、溶剂和湿度敏感材料;控制固化,可调节等待时间和固化度;多次固化可以重复多次使用。

(5)高固含量型胶黏剂

水基黏合剂的固体含量直接影响水基黏合剂的可加工性、干燥时间、初始黏合效果和黏合强度。目前，市场上常用的水性黏合剂乳液一般具有 50%～55% 的固含量。特征：在相同条件下（配方、环境、设备、工艺），固体含量越高（溶剂减少），黏度越大；反之亦然；面密度越小，固体含量越低；面密度越高，固体含量越高。

优缺点：在纸包装胶中，在相同配方条件下具有高固含量的胶具有良好的初黏力，定位速度快，并且由于有效物质含量高，相同的施胶量高，因此黏合效果良好。在全自动机器胶的配方中尤其如此。在 PVC 地板胶或瓷砖背衬中，高固含量的胶更适合于粗糙表面的黏合，因为薄膜更饱满。同时，该产品固含量高、成膜速度快、固化时间短，大大提高了施工效率。

（6）生物降解型胶黏剂

生物降解是指通过氧化、还原、水解、脱氢、脱卤和其他化学反应催化生物体分泌各种酶，将复杂的高分子量有机化合物转化为简单的有机化合物、有机或无机物质（如二氧化碳和水）的过程。可生物降解的黏合剂主要通过使用可降解聚合物作为基质树脂，通过合适的增黏剂、增塑剂、抗氧化剂和填料补充来制备。根据所用的基质树脂，它可分为聚酯（如 PET）、聚氨酯（PU）、聚酰胺（PA）、乙烯/乙酸乙烯酯（EVA）、嵌段共聚物（如 SDS）、可生物降解的黏合剂如聚烯烃和橡胶。

优缺点：储存和应用期间具有良好的稳定性，并且在丢弃后可以快速降解。生物降解黏合剂在日益增长的环保意识中越来越受到关注。尽管可生物降解的黏合剂具有许多优点，但它们也具有一些缺点，如在使用期间稳定性差，并且需要进一步提高黏合强度。

5.3 水性木器涂料产业化技术

水性木器涂料的产业化技术包括水性木器涂料产品技术和水性木器涂料应用技术，此技术是从 VOCs 源头控制的角度出发，由嘉宝莉化工集团股份有限公司与华南理工大学联合研制，两家单位通过研发聚氨酯丙烯酸酯（PUA）杂合乳液聚合技术、多重交联技术、聚丙烯酸酯/二氧化硅杂化乳液技术等，成功开发了系列高性能聚合物乳液及水性木器涂料，攻克了市售的水性木器漆涂膜硬度低、耐化学品性差和封闭性与防涨筋性不好的技术难点。此外，针对水性木器涂料施工和干燥受环境温度和湿度的影响大的问题，进一步开发出涂料涂装一体化技术，包括微波红外耦合干燥技术和机器人静电喷涂技术。

（1）技术介绍

采用水性木器涂料的产业化技术（水性高性能双组分聚氨酯木器漆+微波红外耦合干燥技术），根据高档办公家具的涂装效果要求，主要开发两种涂装工艺（主要设备如图 5-1 所示）：

①开放涂装：水性底漆→水性底漆→水性面漆。

②封闭涂装：UV 底漆→UV 底漆→UV 底漆→水性过渡底漆→水性面漆。

主要的工艺参数为一次喷涂漆膜厚度控制在 200 μm，喷漆量为 120～180 g/m²，为保证涂装质量不受外界环境条件变化的影响，须配备功率为 50 kW 的红外微波耦合干燥设备。

图 5-1　设施照片

（2）技术特点

①亲水改性多异氰酸酯外交联技术，采用经亲水改性的多异氰酸酯水性固化剂新技术外加交联固化，制备了水性高性能双组分聚氨酯木器漆，满足高档办公家具涂装要求。

②微波红外耦合干燥技术，通过微波驱使残留在涂膜内部的水分向涂层表面扩散，快速去除涂膜中残留水分，以此确保水性漆的应用不再受天气的困扰，实现全天候施工，同时与之配套的产品 VOCs 含量可以进一步降低。

该技术针对的主要污染物为苯及其同系物，如苯、甲苯、二甲苯和三甲苯等；酯类溶剂如醋酸乙酯、醋酸丁酯和醋酸异丙酯等；酮类溶剂如丁酮、环己酮和戊酮等；醇醚类溶剂如乙二醇甲醚、乙二醇丁醚及乙二醇丁醚醋酸酯等；其他溶剂包括甲醇、乙醇、丁醇、甲苯异氰酸酯等。污染物的减排效率大于90%，经使用水性漆产业化技术后，排放情况为 16.7 mg/m^3（$\leqslant 30 \text{ mg/m}^3$），VOCs 年削减量约为 2 500 t（按照水性漆年产量 5 000 t 计算）。若在全国范围内推广，水性漆替代 20%溶剂型木器漆，每年使用 20 万 t 水性木器漆，每年可减少 10 万 t 以上有机溶剂的排放。

5.4 喷嘴选型技术

喷枪的涂料喷出量与喷嘴规格有关，表 5-2 为几种常用喷嘴的技术参数。从表中可知，喷嘴孔径越大，涂料喷出量也越大。在喷涂时，应根据工件的形状和尺寸选择合适的喷嘴型号，这样可以有效减少涂料用量，也减少了 VOCs 的释放量。据调研，通过更换合适的喷嘴，可节省涂料用量 10%～20%。

表 5-2 喷嘴技术参数

型号	孔径/英寸	流量/（mL/min）
GGW-513	0.013	400
GGW-515	0.015	500
GGW-517	0.17	700

注：1 英寸≈2.54 cm。

5.5 配料技术

现代配料的核心就是在配料工艺和设备方面实现计算机化和自动控制。

以板式家具为例,其现代配料的特征就是由经过优化的排料图指导生产,其形式有电子开料锯优化和 PC 机优化两种。电子开料锯优化是由电子开料锯自带排料绘图软件实现的。需配置的零件尺寸输入电子开料锯。输入方式有开料现场手输入和通过网络输入两种,其效果基本上是一样的。然后按优化后排料图手工控制电子开料锯开料,或者由电子开料锯全自动开料。PC 机优化是指在 PC 机上运用优化软件对输入的零件尺寸进行优排料,并打印成图。工人按排料图进行优化开料。

实木家具的现代配料由优选锯(图 5-2)这一个核心设备来完成,此外,还包括多锯片圆锯机、修边锯、开指机、接长机、双面刨、接扳机等。优选锯能够根据生产任务的要求进行配料方案优化,然后将等宽的方料截断成符合生产要求的方材。它是由 PLC(单板机)进行控制的,具有分析、优化、统计等功能,其加工精度和生产效率都远高于手工配料,且能满足客户个性要求达到最佳配料效

图 5-2 优选锯

果。与传统配料工艺中设备相比，优选锯的加工精度高于传统横截圆锯，优选锯切精度能够达到 0.8 mm 之内，另外优选锯是采用自动控制技术，其误差小于传统手工配料的人工定位，加上其锯割循环时间为 0.25 s，所以生产率、加工精度及出材率同样很高。

现代配料加工的工艺设备能高效、优质地保证现代配料工艺的实施。与传统配料相比，现代配料有以下优点。

①现代配料提高了出材率。通过对标准规格人造板进行排料图优化，减少了排料时的随意性，同时电子优化的排料图是经过软件多方案比较后所得到的最佳方案，因此出材率要远高于传统的配料工艺，如表 5-3 所示。

表 5-3 某厂使用 AutoCUT 软件后对比资料

板材型号	人工裁板利用率	AutoCUT 优化后利用率	节约
MDF17MM	88%	94%	6%
MDF3MM	87.5%	93%	5.5%
MDF 其他	87%	92%	5%
PB18MM	87%	91%	4%
PB 其他	86%	91%	5%

②现代配料提高了生产效率。由于事先有了排料图，所以加工时可以直接开料，不需要现场思考被加工零件尺寸和出材率问题，因此生产效率高。

③现代配料能够实现自动化和信息化。随着现代电子开料锯的自动化程度越来越高，完全可以实现网络控制、网络数据传输、网络产量汇总等。也可以将电子开料锯与 ERP 系统相连实现真正的现代生产和管理模式，解决小批量、多品种的定制家具需求与大规模生产的要求。

④现代配料具有柔性。当电子开料锯与其辅助装置都由计算机控制时，其柔性就是真正意义上的柔性。因为这时无论产品如何变化，需配料加工的零件都可以在工艺不变的情况下，在生产线上由计算机控制自动上料、下料、进入工位等一系列工作，同时还能保证较高的出材率。

5.6 贴面技术

（1）真空覆膜技术

真空覆膜技术可以实现零件的单面或双面覆膜。为了得到立体装饰效果，要将被真空覆膜的基材进行成型的铣削加工，得到光滑表面后再喷胶，利用真空对贴面材料施加压力，从而完成贴面工作。真空覆膜技术要求其表面贴面材料具有很好的柔韧性和延展性，一般采用 PVC 或柔性薄木等材料。如果采用柔性薄木，则曲面的弯曲半径不能过小。

利用真空覆膜，无论平面、曲面、造型较多、结构复杂的表面异型构件均能一次完成表面、侧面的贴合。贴面后的产品黏结牢固，既消除了油漆中有害物质对人体和环境的污染，也节约了油漆成本和人工，更缩短了生产工期，使产品真正成为高档实惠、健康舒适的新型绿色环保材料。

图 5-3 为一全自动真空覆膜机的示意图，该覆膜机采用先进的真空技术、双储能罐、双气道，真空度高。电器部分采用全自动控制，也可转换为手动，操作方便。采用远红外辐射加热系统，另加辅助加热系统，加热均匀，高效节能（总功率仅 20 kW），可一机多用，兼容性高。

图 5-3　全自动真空覆膜机

（2）包覆技术

适用包覆技术的面层材料有木皮、装饰纸、低压和高压装饰层积板（CPL、

HPL）、PVC 薄膜、布（带背衬）、皮革、薄的金属膜等。

由于所包覆的产品种类不同，包覆机施胶要用各种不同的胶种和不同的装饰贴面材料，同时包覆机的配件也要与之相适应，否则达不到要求的质量。例如，油墨辊施胶适合于离散型和溶剂型胶黏剂，包覆的材料为卷材型的热塑薄膜和天然木皮；快熔辊施胶适合于 EVA 和 PO（聚烯烃）热熔胶胶种，包覆材料为装饰纸、薄型装饰层积板；狭嘴管施胶适合于 PUR（聚氨酯）、EVA 和 PO 热熔胶胶种，且特别适合于黏接强度要求高的面层包覆。包覆机施胶系统能够实现从一种施胶装置向另外一种施胶装置的快速转换。

包覆所用 PUR 热熔胶价格昂贵，可以采用精确的测量装置，从而达到节省胶的目的。包覆机有快速清洁系统，可用于包覆前清洁待包覆零件的所有表面的边、面，使得包覆表面没有灰尘，同时也要确保喷胶管畅通。包覆机的激光测试装置，可使调机过程（使包覆面与设备装置对齐）更方便。

冷胶和热胶的线条包覆机通过调整可使各种复杂花形表面达到十分完美的效果，PVC、油漆纸、皮卷木皮与各种复杂实木、密度板等材料的表面、侧面、底边、底面一次完成贴面。最大覆膜宽度可达 300 mm，送材速度为 0～30 m/min。高效节能，冷胶包覆机的总功率为 2 kW，热胶包覆机的最大功率为 8 kW，最小功率为 3.5 kW（图 5-4 和图 5-5）。

图 5-4　线条包覆机（冷胶）

图 5-5　线条包覆机（热胶）

（3）热转印技术

热转印是通过热转印膜一次性加热，将热转印上的装饰图案粘贴在被装饰的零件上，形成优质饰面膜的过程。

热转印膜由聚酯基片、黏结层、装饰层和保护层组合而成。热转印膜外层有具防刮性能的保护光漆层，中间附有纹图案层，最底层则为热熔性胶，三层叠放于聚酯基片上。在热转印过程中，利用热和压力的共同作用使保护层及图案层从聚酯基片上分离，热熔胶使整个装饰层与基材永久胶合。

热转印技术可以装饰平面零件也可以装饰立体零件。热转印能够使零件表面与侧边之间、装饰层与基材之间实现无缝黏接，无须再进行修边、整形或切削加工。作为一种干法生产工艺，热转印技术工序单一，不需要胶黏剂便可完成整个工作，其涂层的性能超过一般涂饰的性能。此外，采用热转印后，其零件可以立即转入下一步工序加工，生产效率大幅提高。

5.7　铣削技术

直线形型面零件的铣削一般用四面刨、线条机或下轴铣床（立铣）。

曲线形型面零件也可依靠下轴铣床（立铣）完成铣削工作，其采用双模板铣削曲线形型面零件，可提高生产效率；采用双头下轴铣床（双立铣，两个刀轴转动方向相反）能使操作者在不用更换夹具或机床情况下，根据工件纤维方向保持顺纤维方向切削，因此切削所得加工表面平滑，不会引起纤维劈裂，加工精度也较高；采用立式自动双侧模铣床可以同时安装和加工几个工件，而且在铣型的同时还可以安装工件，能实现连续性铣型，是一种铣型效率较高的设备；对于批量较大的曲线形型面实木零件，可以采用回转工件台式自动靠模铣床进行型面铣削加工；对于加工曲率半径小的曲线形零件，可在镂铣机（立式上轴铣床）上采用成型铣刀，并通过模具和工作台面上凸出的仿型定位销（又称导向销）的导向移动进行切削加工。

　　较宽零部件以及板件的边缘或表面如需铣削出各种线型和型面，如镜框、画框、镶板以及柜类家具的各种板件和桌几的台面板、椅凳的座靠板等，一般可在回转工件台式自动靠模铣床、镂铣机、数控镂铣机以及双轴铣上加工。采用回转工件台式自动靠模铣床时，模板应随零件曲线形状的改变而更换，工件的装卸和加工可同时进行，而且一个模板上一次可安装多个零件，所以生产率高，适合于大量生产。

　　较宽零部件以及板件的边缘或表面还可采用镂铣机加工，一般根据花纹的断面形状来选择端铣刀，加工时模板内边缘沿导向销移动，则可加工多种纹样或式样的图案；应用数控铣床调节快、辅助工作时间短、加工精度和自动化程度高，加工主轴上可安装锯片、铣刀、钻头、刨刀、砂轮等刀具，以实现锯断、起槽、铣槽、雕刻、倒角、刨削、钻孔、砂光等各种加工，实现三维立体化生产，一机多能。数控机床能按照工件的加工需求和设定的程序，自动地完成立体复杂零件的全部加工。因此，一台数控加工中心能满足现代家具企业对产品多方面的加工要求，并能迅速适应设计和工艺的变化，还能适应高效、高精度小批量多品种的生产。

　　此外，还可使用双端铣，这是一种多功能的生产设备，其每侧配有多个水平或垂直刀轴，可以安装锯片、铣刀、钻头、砂光头等，进行截断、裁边、斜截、倒棱、铣边、铣型、开榫、起槽、打眼、钻孔、砂光等加工。

　　对于纵向和横断面均呈复杂外形型面或复杂曲线形体的零件，如鹅冠脚、老虎脚、象鼻脚、弯脚等，均可在仿型床上进行仿型加工。仿型铣床是铣削复杂形面木制零件的一种专用铣床，它是利用靠模或样模，通过铣刀与工件间所形成的复合相对运动来实现仿型加工，所以又称靠模铣床。根据铣刀形状的种类、铣削加工的方向和铣削零件的形状，仿型铣床可分为杯形铣刀仿型铣床、柱形铣刀仿型铣床两类，前者还带有砂光装置，在铣削成型后可对型面进行砂光处理；既可对工件外表面进行立体仿型铣削加工，也可根据样模形状，在板状工件的表面上铣削各种不同花纹图案或比较复杂的型面（表面仿型铣削）等，通常又称为仿型雕花机。仿型雕花机有手动和自动铣削加工两种类型，手动仿型雕花机可以安装 2～16 个铣刀进行同时加工，自动仿型雕花机最多可同时加工 36 个工件。

5.8 封边技术

现代板式家具的封边，常用的方法是直线型封边、异型封边（软成型封边）以及后成型封边。

（1）直线型封边

直线型封边要求经铣边后的零部件的周边光洁等厚，相邻垂直度好，以保证封边条的胶合质量，同时要求封边时涂胶恒温稳定，封边机所处位置应避开风口大的区域或恒定温度不宜保持的环境条件。

封边胶视不同材质封边条加以确定，如采用装饰木纹纸、PVC、三聚氰胺等材料时可使用溶剂性胶或聚乙烯醇（PVA）胶；采用 ALKORCELL 或薄木封边条时，可采用热熔胶或 PVA 胶。进口的连续式生产线上的封边机可用调节手柄控制涂胶量，也有自动控制涂胶量的设备装置。一般封边涂胶量为 $200\sim300$ g/m^2。

（2）异型封边

异型封边机又称软成型封边机（曲线封边），目前普遍使用 PVC、ALKORCELL 等类似材料的封边条进行封边加工。国际上比较先进的全自动异型封边机可以实施自动进料、线型铣削、涂胶以至四组成型压合、表面切边、头尾修边、上下精修等作业，并有自动进料无极变速等装置。这种设备可以使用人造材料封边条、刨切薄木封边条、实木封边条等，加工性能较好。意大利出产的一种连续直线型异型封边机防黏剂用量很少，一般为 1.45 g/m^2±0.25 g/m^2，对环境比较友好。

（3）后成型封边

后成型封边是将双贴面人造板部件的一侧基材铣削成型面同时也铣削掉平衡层，将遗留下来的外悬面层材料延续到部件的边部型面并进行包复热压的过程。

现代生产中常用的封边机主要有三种类型：

①间歇式后成型封边机,即铣型、涂胶、封边等分别在不同的工序中完成;采用间歇式后成型封边机封边时,受各工序间衔接和各工序工艺技术条件的影响较大,常由于各个工序的控制不当使封边质量和精度降低,同时封边机的压力、弯曲半径和热压间歇时间的控制不当也会使面层材料出现炸裂或面层和平衡层材料的接缝处出现搭接或离缝等。

②连续式后成型封边机,即铣型工序在其他工序上完成而涂胶、封边等工序集中在连续式后成型封边机上完成;采用连续式后成型封边机封边的部件可以获得较高的封边质量,但封边的型面少、设备价格昂贵等制约了其在我国的大范围使用。

③直接连续式后成型封边机,即铣型、涂胶、封边等工序集中在直接连续式后成型封边机上完成。采用直接连续式后成型封边机封边可使生产工艺大大简化,而且面层和平衡层材料的接缝处不出现搭接或离缝等现象,生产的自动化程度高,部件的封边质量高。例如,VFL79/O3/P/A 型直接连续式后成型封边机就有着独特的涂胶、加热、封边和修边功能。该机配有一个附有电子温度感应和恒温调节系统的快速熔胶装置,熔胶速度快(9 kg/h),可根据封边胶种的不同分别采用涂胶装置或喷胶装置,涂胶量根据基材和面层材料的种类而调节。该机设有加热装置以使胶黏剂在整个封边过程中具有较高的温度,加热温度可以根据面层材料、基材和胶黏剂的种类进行调节。直接连续式后成型封边机设有可并行使用的 L 型和 U 型封边弯曲成型压轮组,两类压轮组配备一套导引压杆和一套随后成型型面的橡胶辊压轮,边部型面的类型有所增加。修边则通过一套铣削和抛光装置完成。前者采用四齿合金刃具,可根据封边部件的边部型面类型采用手工调整其铣削角度(最大调整角度30°);后者采用棉质材料组合在橡胶轮上,其抛光轮的抛光角度可根据铣削角度的变化加以调整。目前后成型封边技术已广泛地应用于各类板式部件的边部型面加工。随着板式家具生产工艺逐步向机械化、自动化方向发展,零部件的精度和产品的质量也会不断提高,直接连续式后成型封边技术的应用会更为广泛。

（4）激光封边技术

运用由特殊聚合物组成的激光封边胶层来替代热熔胶进行封边。该聚合物涂层受到激光束照射会熔解，然后压轮机立即将封边带压紧到工件上，经过修边、抛光等工艺完成封边过程。激光封边带的材料与目前使用的边带没有变化，高聚物聚丙烯（PP）、PVC、ABS、亚克力、三聚氰胺浸渍纸等都可成为封边带材料，唯一区别是激光封边材料有激光涂胶层。激光封边的优势之一就是将胶层和封边条一体化制作。使用激光封边技术，可以减少封边步骤，省去了防黏剂装置和涂胶装置，也不用担心设备被热熔胶和残胶污染，减少了维护成本。激光封边设备（图5-6）不需要提前开机预热胶料，在空转时几乎不消耗能源，降低了能耗。在封边过程中没有胶料挥发性污染，也不需要胶料分离剂和清洁剂，环保效果好。

图 5-6 · 激光封边设备

5.9　钻孔技术

现代板式家具的结构是依靠孔位组合所决定的，这要求除图纸设计应详尽与正确外，更重要的是保证钻孔的质量。现代板式家具生产与加工所使用的钻孔机是既能垂直钻孔，又能水平钻孔的立体多轴排钻（以下简称多排钻）。生产规模较大的现代板式家具企业都是以连续化、自动化生产方式来操作多排钻的。国内小型企业也用多排钻单独加工产品，但应在多排钻旁边灵活设置小型单排钻、小台钻，使之有机配合，针对不同设计型孔任意进行生产与加工，从而简化工艺并缩短构件周转次数与时间，提高工效。

目前应用较多的多排钻有单轴多排钻和多轴多排钻两类。如图 5-7 所示的单轴多排钻的最大钻孔直径为 35 mm，最大钻孔深度为 60 mm，垂直两排最大距离为 800 mm，最小距离 330 mm，钻接头装配孔径为 10 mm，主轴转速为 2 840 r/min，转总功率为 2.2 kW，节能效果明显。如图 5-8 所示的多排钻属多轴多排钻。它排总数为 3，排钻轴总数为 63，位钻接头装配孔径为 10 mm，最大钻孔直径为 35 mm，最大钻孔深度为 60 mm，最大加工孔距为 1 500 mm（垂直），主轴转速为 2 840 r/min，总功率为 3.3 kW。

图 5-7　单轴多排钻

图 5-8　多轴多排钻

6 家具制造业过程控制技术

6.1　涂饰前基材表面处理技术

为了使家具涂饰获得较好的效果，并提高涂料的利用率，涂饰前要对家具表面进行必要的加工和处理，使基材表面达到光滑平整、无伤痕、少油脂、棱角整齐、木质颜色一致等要求。涂饰前的表面处理，常用以下几种方法。

（1）基材修补

通过基材修补一来可以获得较好的涂饰效果，二来可以避免为了遮盖缺陷而使用厚涂装。对面积较小的裂缝、虫眼、钉眼、凹陷、碰伤等可用稠厚的腻子嵌补填平。

（2）漂白

对基材进行漂白处理，使得基材表面颜色均匀，不仅能达到预期的涂饰要求，而且能有效减少涂料用量。一般使用 15% 的过氧化氢、漂白粉或二氧化硫气体等进行漂白处理，并用 2% 的肥皂水溶液或稀盐酸溶液对处理后的基材进行清洗，以去除木材表面的漂白药剂。

（3）清理表面污物及油脂

基材表面存在污物和油脂会影响着色与涂层固化和附着。基材表面若仅有灰垢，可用干刷刷掉，不必用水洗涤。有油污的制品则应在打磨前先用温水或肥皂水洗涤，再用热水洗刷，干燥后再用砂纸顺纹理打磨平滑。对于有松脂的表面可采用皂化法、溶解法和析出法进行处理。处理后须用乙醇擦洗干净，然后涂一层虫胶清漆或醇溶液进行封闭，以防止松脂继续浸出。

（4）清除毛刺

制品表面虽经刨削或磨削，但仍有细小的木纤维毛刺，对材质的色泽、漆膜的平整光滑都有很大的影响，因而涂饰前必须彻底清除。一般木纤维毛刺都可借润湿后干燥，然后打磨的方法除去。对于节眼多、毛刺大的榆木制品等，在用砂纸打磨时，一定要待干燥后用砂纸顺纹理反复打磨，否则效果不佳。

6.2　喷涂过程质量控制技术

加强对喷涂过程的质量控制，不仅能保证产品的喷涂质量，而且可节省涂料的消耗，有效减少涂饰加工过程中 VOCs 的排放。

（1）优化喷涂工序

应把喷涂施工动作分解成一道道的施工工序和工位。在施工安排上，尽量安排尺寸相似并使用同一种涂漆的工件一同加工。尽量安排 2 h 以上的连续作业，减少更换喷枪。

（2）规范喷涂操作

喷涂作业前需根据喷涂面积设定出漆量、雾化空气压力（或静电压）及喷雾图样幅度，设定值需参考说明书上相关规定。喷涂操作时，需对喷涂距离、喷涂顺序和喷枪运行方式进行规定。喷涂距离应控制在 150～300 mm；喷涂时应遵照先难后易的原则，先喷涂难喷面、死角及反面，再喷易喷面及正面；喷枪须与被涂工件呈 90°平行运动，移动速度为 30～60 cm/s，喷涂时须保持匀速。喷涂时需要一只手握住喷枪，另一只手将软管握在手里。

（3）清洁与日常维护

用抹布蘸少许溶剂擦拭枪身外部，不要将喷枪浸泡在溶剂里。空气帽外部应用溶剂和硬毛刷清洁，清理时喷枪头应向下，以免溶剂进入喷枪空气路中。清洁空气帽时，不能使用硬物捅入空气孔中。

（4）喷涂人员培训及考核

加强喷漆操作员工培训，提高其操作技能，培养其节约涂料的意识。除进行必要的教育外，企业还应建立考核制度和奖惩制度。对不同型号产品制订涂料消耗定额，对每次喷涂的工件和涂料消耗进行登记，特别是返工用漆。

6.3　喷涂优选技术

毛刷在涂装方面的使用日益减小，只用于一般室内或建筑装潢。取而代之的喷涂方式有空气辅助式无气喷涂、薄膜流涂、辊筒涂装、静电涂装等。

（1）空气辅助式无气喷涂

空气辅助式无气喷涂是通过把液体雾化、依靠重压强制涂料经过非常细小的锐孔而达到雾化的目的。它具有组合空气式和无气式的优点，可调节雾化宽幅大小，比空气喷雾节省 25%～30%的涂料耗损，比无气喷涂节省 10%的涂料。但涂料飞散易污染空气，清洗安全性尚可，适用于家具装饰、木材加工等领域。

（2）薄膜流涂法

薄膜流涂法是涂料边流边涂制成薄膜状而涂布于被涂物表面的方法，如制成一定宽度的帷幕，涂料不断地从上方流落下来，在其下方则有带状运输机运送被涂物不断地通过涂装，未淋到被涂物的涂料会被回收，由泵循环，故涂料损失几乎为零。这种涂漆方法，适用于面积不大、装饰性要求不高的机械零件、铁制锚缆、地下管道等。

（3）辊涂涂装

辊涂涂装是以转辊作涂料的载体，涂料在转辊表面形成一定厚度的湿膜，然后借助转辊在转动过程中与被涂物接触，将涂料涂敷在被涂物的表面。辊涂适用于平面状的被涂物，广泛应用于金属板、胶合板、布与纸的涂装，特别适用于金属卷材涂装。辊涂涂装的优点是高速自动化作业，涂装速度快，生产效率高，生产速度一般为 100 m/min 左右，最高可达 244 m/min；不产生漆雾，没有漆雾飞溅，涂着效率接近 100%；低黏度和高黏度的涂料都适应，可以进行 3～5 μm 的薄膜到 300～500 μm 的厚度各种膜厚的涂装；可以较准确地控制漆膜厚度，且厚度均匀一致；正面和背面可以同时涂装。

（4）静电涂装

静电涂装是靠静电把微粒子化的涂料以电气方式使被涂物吸引附着而涂装，涂装机与被涂物间设置电介，采用 60～100 kV 电压的直流电，向电介内射出涂料微粒子，以接地被涂物为阳极（+），涂料雾为阴极（−）。两极之间做成静电介，使雾化的涂料粒子带上负电荷，则其相反极的被涂物即可将涂料吸收。与其他雾化法相比，静电涂装法可大量减少涂料。在空气雾化喷枪涂着效率至多仅有 15% 时，静电涂装法的涂着效率最高可达 95%，在提高作业性、降低成本及减少环境污染上有显著的效果。

（5）其他喷涂方式及设备

为改进喷漆工艺技术，可采用高流量低压喷漆系统（HVLP），即在低压条件下利用高流量气体进行喷涂，喷涂效果良好，同时由于采用低压喷涂可减少过量喷涂产生的浪费，从而减少油漆消耗和 VOCs 排放量。HENREDON 家具企业采用了 HVLP 喷漆系统后产品质量大为提高，原料漆用量却减少了 13%～15%，VOCs 的排放量大大减少，设备改造的投资因为原料的节约而得以在 3 个半月的时间里回收。紫外线固化喷漆技术在一些平板较多的家具油漆加工中应用较多，但其操作复杂、要求较高。

德国的一种喷涂装置自动关闭功能系统，能保证在所确定的组分比例不正常时自动停止喷涂，确保表面层的喷涂质量。另外，德国新开发的 AP-1 型自动喷涂装置可以做到对家具部件形状进行自动识别，它主要是靠一台喷涂分辨机器人通过工作台上设置的摄像机对工件形状进行扫描，扫描所得数据经计算机分析处理，然后控制喷涂装置的喷涂速度和条件，使异型表面的涂层质量均匀一致，具有较高的生产效率。

6.4 木材干燥技术

（1）少空气干燥技术

1）技术介绍

少空气干燥技术即通过采用低温高湿的方法，使得湿坯体在低温段由于坯体表面蒸气压的不断增大，阻碍外扩散的进行，吸收的热量用于提升坯体内部的温度，提高内扩散的速度，使得预热阶段缩短，等速干燥阶段提早进行。等速干燥阶段借助强制排水的方法，进一步提高干燥的效率，最终达到快速干燥的目的。

2）技术特点

作为国家重点行业清洁生产技术导向目录（第三批）推荐技术，少空气快速干燥技术已形成系列化产品。以 ARD-28 型为例，干燥效率为传统间歇烘房的 5 倍，干燥能耗可由传统间歇烘房的 3 000 kcal/kg 水降低到 1 200 kcal/kg 水，同时烟尘排放也大为减少，环境效益显著。

（2）对流加热连续真空干燥技术

1）技术介绍

真空干燥技术的原理是将坯体置于负压条件下，并适当加热达到负压状态下的沸点使坯体干燥的干燥方式。对流加热连续真空干燥装置主要由真空室、通风系统、加热—热回收系统、真空系统、气囊式加压装置、控制系统等六大部分组成。对流加热连续真空干燥工艺流程可粗分为三个阶段：第一阶段是预热阶段，目的是提高木材温度；第二阶段是干燥阶段，根据木材含水率变化按基准操作；第三阶段是终了处理阶段，主要是提高木材干燥均匀性，减小木材干燥应力，并可节约部分热能。

2）技术特点

与国内外同类设备相比，对流加热连续真空干燥装置节能效果较显著（表 6-1）。国内用常规窑干法干燥 1 m³ 板材的能耗通常在 90～170 kg 标准煤。与之相比，对流加热连续真空干燥的能耗仅为 32.7 kg 标准煤。

表 6-1 与国内外同类设备相比节能效果

项目	对流加热 连续真空	电加热 间歇真空	热板加热 连续真空	带热回收 双联真空
树种	马尾松	松木	—	三毛榉
板厚/mm	42	20	20～30	85
初含水率/%	37.0	50	40	30
终含水率/%	7.0	14	12	9.6
每平方米木材/kg	燃气 144.7	—	原煤 125	燃气 153
单位能耗/kW·h	电 34.9	电 154	电 23	电 110.8
折标煤/（kg/m²）	32.7	62.2	98.6	64.4

（3）微波干燥技术

1）技术介绍

传统干燥方法如火焰、热风、蒸汽、电加热等均为外部加热干燥，物料表面吸收热量后，经热传导，热量渗透至物料内部而升温干燥。而微波干燥则是一种内部加热的方法。湿物料处于振荡周期极短的微波高频电场内，其内部水分子会发生极化并沿着微波电场的方向整齐排列，迅速地随高频交变电场方向的交互变化而转动，并产生剧烈的碰撞和摩擦（每秒钟可达上亿次），结果一部分微波能转化为分子运动能，并以热量的形式表现出来，使水的温度升高而离开物料，使物料干燥。

2）技术可行性分析

微波干燥系统主要由微波发生器、微波干燥器、传动系统、排湿冷却装置、控制系统以及安全保护系统等几部分组成。曲美家居（东区）使用的涂料全部为水性涂料。对于水性涂料，配方中水分子占涂料 50%以下。微波对于极性分子是特有介质，水分子的节电常数较大，干燥时间在 20～40 min，相比传统干燥效率提高 1～2 倍。

3）环境可行性分析

与常规干燥方法相比，微波干燥除干燥速度快（只需十几分钟或几十分钟）之外，还具有如下突出环境效益（参考深圳家具行业清洁生产推荐技术）：

①节能。常规干燥中，设备预热、辐射热损失和高温介质热损失在总的能耗中占据较大的比例。而用微波进行木材干燥时，构成微波干燥设备壳体的金属材料极少吸收微波，其热损失仅占总能耗的极少部分。另外，微波加热是内部"体热源"，它并不需要高温介质来传热。因此绝大部分微波能量被物料吸收并转化为升温所需要的热量，形成了微波能量利用高效率的特性。与常规加热方式相比，一般可以节电5%～8%。

②节约木材，提高木材利用率。人类自古以来对木材进行加工利用时，无一例外都是先将木材干燥后再加工。这是因为先下料成型再干燥，只要成型构件在干燥过程略有变形、开裂，就不能使用。而微波干燥能基本保持构件原样，不变形、不开裂，因而允许利用微波直接对木质半成品进行干燥，干燥后再对半成品进行精加工，不仅可以节约能源，降低干燥成本，还可以提高4%～6%的木材利用率。

③杀菌环保。微波干燥没有噪声，没有有毒气体、液体排放，属环保性干燥技术，另外，微波干燥由于辐射频率很高，它的快速致热效应使物料中的各种虫卵、病毒等有害微生物无法抵御而被彻底杀灭，可避免常规干燥可能出现的温度低、湿度大而引起的木材生菌、长霉现象。微波干燥设备由于是在专业的微波工厂设计制造的，设计工艺完善，泄漏很小，屏蔽效果特别好，对周围环境不产生干扰和破坏。因此，微波干燥技术是目前最"绿色"的无污染干燥技术。

4）经济可行性分析

经济效益计算过程详见表6-2。

表 6-2　微波干燥方案经济效益估算过程

类型	综合节能（干燥工段）	干燥工段用能占四分厂总用能	累计节能
节能	电能：6%	28.2%（根据功率计算）2015 年用电 67.68 万 kW·h	4.06 万 kW·h，约 3.45 万元
	天然气：10.8 万 m³	锅炉（家具常用规格 0.5 t/h）	节约天然气 10.8 万 m³
类型	木材利用率节约	废料干燥成本	累计节材
节材料	4.5%	80 元/m³，2015 年废料 2 373.57 m³	106.81 m³，约 8 544.85 万元
类型	干燥时间节省	综合成本	累计经济效益
经济效益	干燥约 30 min，较传统干燥的效率提高 1～2 倍，批次产品节约半小时	以曲美家具公司为例：人力、物料和电力等占比 75.3%，2015 年产值 5.49 亿元，估算利润约 4 050 万元，干燥工段占整个生产工艺用时 0.1%（干燥时间占批次用时，一批次时间 23 d）	40.5 万元
总计效益约 44.8 万元			

6.5　木材干燥监测控制管理技术

　　木材干燥是一个漫长的过程，整个过程中，干燥设备必须根据木材含水率变化的情况，不断调整干燥窑内的环境参数，以保证木材得以更好地干燥。由手工操作转向半自动、全自动控制能对干燥过程进行优化。控制系统能对窑内温度、湿度及木材含水率进行实时监测，并根据不同的树种、木材厚度以不同的干燥基准进行自动/人工控制，保证窑内木材在整个干燥过程中都有一个适当的环境，从而提高木材干燥的成品率，并能节省干燥过程的能耗。

6.6 电脑优化排料技术

（1）技术介绍

运用排料方案图能有效指导配料生产。市面上有多种开料软件，其中 AutoCUT 的应用较为广泛。以 AutoCUT 为例，第一个操作步骤为新建开料工序，需设置开料特征（型材分切、卷材分条、矩形开料、异型轮廓等），设定切割缝隙、数据精度，并选择本次开料工序所用的板材类别。设置成功后，输入开料零件需求，可用手工输入或导入的方式完成。在开料计算的步骤中，点击"自动排样"按钮即可启动开料自动优化面板。通过选择不同的开料算法，可得到多种优化结果。选择合适的开料结果后可生成开料图，并将开料图导出。

计算机优化排料技术多用于板式家具生产，而实木家具生产采用天然木材，天然木材有许多天然缺陷（如虫眼、节疤、裂纹等）和后天缺陷（如干燥开裂或翘曲等），而且还有材色和纹理的差别，因此实木家具开料运用计算机排料的优势不明显。

（2）技术特点

通过对木材进行排料优化，减少了排料的随意性，与传统的配料工艺相比，其出材率提高 4%～6%。

6.7 线条包覆过程管理技术

线条包覆过程管理技术的主要方法如下：

（1）正确选择配件与胶种

由于所包覆的产品种类不同，要用各种不同的胶种进行包覆，同时包覆机的配件也要与之相适应，否则达不到要求的质量。例如，油墨辊施胶适合于离散型和溶剂型胶黏剂，包覆的材料为卷材型的热塑薄膜和天然木皮；快熔辊施胶适合于 EVA 和 PO 热熔胶胶种，包覆材料为装饰纸、薄型装饰层积板；狭嘴管施胶适合于 PUR、EVA 和 PO 热熔胶胶种，且特别适合于黏接强度要求高的面层包覆。

（2）规范机械调试过程

包覆机的调机是一项关键技术，与包覆产品质量直接相关。通过调机可使包覆表面受力均匀，以保证压辊充分包覆零件的外轮廓，从而获得更好的包覆质量。工人的操作技巧和工作态度直接影响调机效果，因此需对工人进行培训。记录加压辊和导向辊的调整设置，如有条件建议采用可编程设备，对调机过程进行规范。采用激光测试装置，简化调机过程。

（3）优化包覆工作流程

尽量使用卷材，减少设备停顿。尽量安排同种加工要求及尺寸相同的工件同时加工，减少调机次数。

6.8　包装线自动化技术

（1）技术介绍

本技术是利用自动化装置控制和管理包装过程，由裁箱机和多个传输带组成，达到测量、裁箱、填充、合包、装箱的一套流水作业，对产品进行自动测量、自动裁箱、合理包装。该方案自动化程度高，操作简单，稳定性高，能提高包装保护、美化、宣传的功能，提升包装效率，降低人工成本。

（2）技术特点

自动化包装线包括上料测量机、平移输送机、辊筒输送机、皮带输送机、无动力辊筒输送机、定制纸箱裁切机及附属配套的电器设备，该生产线上各设备均由目前已发展较成熟的设备组成，且相关设备及配套已在家具制造行业广泛应用，具有较强的技术可行性。同时，本技术可以减少原本人工包装时由于失误等造成的包装材料损失，进而减少包装垃圾产生量，并且可对不同种规格的连续纸箱剪切，大大减少了纸箱的浪费，具有一定的环境效益。技术无须新增用地，总投资费用约 185 万元，可以减少操作工人约 5 人，以每人人工成本 7 000 元/月计算，节省人工成本 42 万元/年，年新增电耗约 9 万 kW·h，年减少包装纸箱成本约 20 万元，因此年运行费用总节省（或新增利润）约 53 万元。

6.9　中央供漆系统

中央供漆系统（图 6-1）包括供油漆管道和油漆泵，把开好的油漆直接输送到喷枪的油罐中，尽量避免油漆接触空气，有效降低了 VOCs 的排放，并大大改善了车间空气质量，且能不间断地提供油漆，大幅减少油漆用量，提高生产效率，适用于大型的喷漆生产线。

图 6-1　中央供漆系统

6.10　粉末静电喷涂成套技术

（1）技术介绍

新催化剂组合的开发，将传统静电粉末涂料的固化温度降低到 120～130℃，并采用特种红外辐射器使人造板在 2～3 min 内板面温度达到 130℃，表面粉末涂层完全固化。低温粉末涂装一次性喷涂可达 50～200 μm，特别适用于粗糙多孔人造板的涂装，并且涂料利用率可达 100%。该技术的工艺流程见图 6-2。

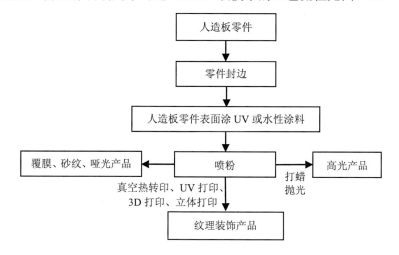

图 6-2 粉末静电喷涂成套技术工艺流程

第一工序：采用木工数控设备对标准人造板按设计图纸开料打孔。

第二工序：对第一工序加工过的木板采用封边处理，封边采用耐高温 UV 涂料或水性涂料，封边设备采用自动绲边机，防止边部在受热时变形开裂。

第三工序：对第二工序已封边的板材进行滚面处理，采用标准的滚涂面设备，使用自主开发的耐高温的 UV 涂料或水性涂料进行封闭滚面，隔热防止起泡。

第四工序：对完成第三工序的人造板进行静电喷粉。根据要求不同，对板面进行 1～4 次的静电喷末喷涂，每次喷涂的厚度大于 60 μm；固化炉采用独特电加热中波红外辐射器；固化温度高于 120℃，加热时间在 2 min 以上。

第五工序（覆膜、砂纹及哑光产品）：对完成第四工序的人造板进行覆膜包装，产品光泽度任意调节，硬度超过 2H 铅笔硬度。

第五工序（纹理装饰产品）：对完成第四工序的人造板进行纹理装饰处理。通过特殊的真空热转印方式、喷墨 UV 打印、3D 打印和立体喷粉打印来完成装饰。

第五工序（高光产品）：对完成第四工序的人造板进行打蜡抛光处理，抛光处理后表面60°角的光泽度超过90，产品硬度超过1H铅笔硬度。

第六工序：对完成第五工序的人造板进行精抛清洁，覆膜包装。

（2）成套技术介绍

1）低温喷粉封边技术

技术采用低成本全固体分的耐高温UV胶和专业涂布UV胶封边设备，一方面，封边设备的封边线速达15 m/min，具有高自动化、高生产率的特点，也可同时封四条边，在边部的厚度和光滑度上可完全满足喷粉的要求；另一方面，采用的UV胶有隔热性能，涂布足够的厚度可以防止边部的温度过高。既能保证在粉末涂料熔融初期边部能有一定的排气通道，还能及时排出边部因高温产生的水蒸气及其他气体，降低边部封闭空间的压力，成品率从65%提高到98%以上。

2）表面喷粉技术

技术采用"红外固化炉"核心设备，该设备解决了由于木材导电性差而导致的上粉困难的问题，保证粉末涂层厚度均匀。由于红外辐射器的采用（粉末涂料吸收特定波长的红外辐射），整个工艺过程加热效率高，生产周期缩短，生产车间的占地面积大幅减少，同时可以实现无挥发、无尘化生产，工人安全生产环境大大改善。另外，红外辐射可以将人造板中因脲醛胶产生的游离甲醛蒸发出来，采用先进的低温催化将空气中的VOCs分解燃烧，彻底消除甲醛排放对人体的危害。

3）表面图案装饰技术

技术采用全新的真空图案装饰设备和热转印创新技术，彻底解决人造板开裂及水汽影响图案转印的难题。加上UV喷墨技术和3D打印技术可实现批量化、定制化产品生产。

（3）技术优点

整个成套技术绿色环保，无VOCs排放。没有有机溶剂挥发，从固化好的漆膜中没有有害物质挥发，不使用有害单体，如不饱和树脂涂料中的苯乙烯、无溶剂紫外光固化涂料中的丙烯酸单体，可满足最严格的环保要求。工艺可在1 h内完成，大幅提高生产效率，降低生产成本。特别对于涂层丰满度要求高、厚涂的产品，显著减少了喷涂、打磨的次数。半成品堆放所用的空间大幅减少。该项技术的涂装方案可以完全采用全自动喷涂，过喷的粉末由回收系统收集，达到回收再利用的目的，粉末涂料的使用率可达 100%，降低废弃物的处理成本。工艺还有优异的漆膜性能，涂层表面硬度可达 2H 铅笔硬度，各项性能指标均高于传统液体涂料，优越的耐化学性能，产品光泽度可任意选择，耐磨、耐刮、耐污、抗菌防霉。通过人造板喷粉技术完成的产品无游离甲醛产生。

家具制造业末端治理技术

7.1 尘源控制技术

尘源控制是指采用吸风罩等捕集装置将尘源限定在一定范围的措施。

①吸气罩：现代家具木工机床基本上都设有抽风口，只需按所要求的风量抽风即可。某些木工机械加工面不固定，刀具需移动，因此，尘源点不固定。这时可采用移动吸气罩进行尘源控制。

②隔尘装置：旧式木工设备没有抽风口，可根据设备的加工特性，自行用板材加工成隔尘罩，将尘源控制在一定范围并用机械排放方式将其抽走。

③吸尘工作台：人工加工具有灵活性，但产生的木屑粉尘难以通过吸气罩或隔尘装置收集。吸尘工作台是一种通用性比较强的净化设备，能够形成一种局部高强负压工作环境，有效吸附有害或需回收粉末颗粒。

7.2 中央除尘技术

（1）技术介绍

中央除尘系统属于减排方案，该系统主要包括旋风除尘器、脉冲袋滤式除尘器、风机、输送槽、储料仓、输送管道、打包房等，具体工作流程如图 7-1 所示。

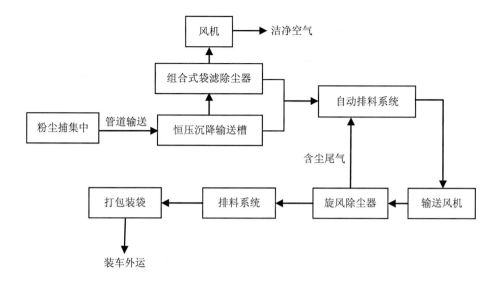

图 7-1 中央除尘系统工作流程

除尘系统运行时，各扬尘点所产生的粉尘将被捕集并经吸尘管网输送进入恒压沉降输送槽。粗重料块将沉降至槽底，由恒压沉降槽卸料系统排出进入高压输送管，轻细粉尘则进入袋滤式除尘器进行再次分离。过滤后的洁净空气通过滤袋后由风机排出，被阻留过滤分离出来的粉尘则被沉降至除尘器下椎体，由卸料系统排出并汇入高压输送管，粉尘进入高压输送管后，由输送风机送至旋风分离器进行分离。分离后的粉尘进入储料仓内储存，当达到一定量时，由人工打包装袋处理装车外运。而旋风分离器所排放的含尘尾气则经管道返回沉降输送槽的卸料口进行循环输送、分离。

中央除尘系统属于《清洁生产评价指标体系 家具制造业》（DB 11/T 1138—2014）中推荐使用的除尘装置，在国内外同行业中属于先进成熟除尘设备，并已在部分企业成功安装和使用，具有较强的适用性，其具体技术参数如表 7-1 所示。

表 7-1　中央除尘器性能参数

参数	数值
处理风量/（m³/h）	144 000
总过滤面积/m²	675
滤袋总数/个	384
过滤风速/（m/s）	3.49
进口气体含尘浓度/（mg/m³）	10～100
出口气体含尘浓度/（mg/m³）	0.3～0.5

（2）技术特点

本方案属于减排方案，主要用于加工车间部分工位产生的颗粒物去除，正常安装使用后，其对颗粒物的去除率可达到96%，车间环境明显改善。中央除尘系统主机安装在室外，室内噪声较低；系统采用外循环原理，无二次污染，能确保人体健康；室内阀口布局合理，只需将吸尘软管插入安装后的阀门，使用极为便捷；另外吸尘效率大大提高，能弥补传统清洁方式的不足，并节约清洁费用；适合大型工厂应用，环境效益明显。

7.3　刮板输送除尘技术

（1）技术介绍

刮板输送系统是新型除尘系统。使用刮板输送除尘系统可将多台加工设备的高速吸尘管道并连接到集尘箱上并低速运行，各台加工设备的吸尘效果分别可调，单机分别可停，且单台设备停机时自动关闭本机的除尘管道。排尘风机、除尘器并联工作，可有效减小除尘器阻力，并根据集尘箱的负压值自动调整排尘风机的转数和排尘风机运转的台数，使排尘系统始终工作在最高效率点，既达到排尘要求，又充分节约电能。

（2）技术特点

刮板输送除尘系统（图 7-2）具有管道内无沉积物、主管道风速低、系统吸尘效果可调、加工设备的可移动性好和系统能耗低等特点，特别适合家具行业的加工设备随时启停和变换位置使用。

图 7-2　刮板输送除尘系统

7.4　除尘风机变频技术

（1）技术介绍

变频器是利用电力半导体器件的通断作用将工频电源变换为另一频率的电能控制装置。在除尘系统中安装一台同功率或功率略大的变频器，可对除尘风机的频率进行调节，从而实现对除尘系统的变频控制。此外，在系统中加装一个传感器，可根据机械设备的运行工况来对除尘风机的频率进行自动调节，既能保证除尘效果，又能节约能耗。

（2）技术特点

风机变频后的节能效果如表 7-2 所示，其中 50 Hz 为风机原有频率。据调研，通过除尘风机的变频控制，可降低能耗 30%～40%。

表 7-2　风机变频后的节能效果

频率/Hz	转速/%	流量/%	扬程/%	轴功率/%	节电率/%
50	100	100	100	100	0
45	90	90	81	72.9	27.1
40	80	80	64	51.2	48.8
35	70	70	49	34.3	65.7
30	60	60	36	21.6	78.4
25	50	50	25	12.5	87.5

7.5　脉冲布袋除尘技术

（1）技术介绍

脉冲除尘器是逆气流反吹外滤式除尘器的一种，整个过程由可编程控制仪对排气阀、脉冲阀及卸灰阀等进行全自动控制。清灰过程采用分室停风脉冲喷吹技术，先切断该室的净气出口风道，使该室的布袋处于无气流通过的状态。然后开启脉冲阀用压缩空气进行脉冲喷吹清灰（只需 0.1～0.12 s），切断阀关闭时间足以保证在喷吹后从滤袋上剥离的粉尘沉降至灰斗，避免了粉尘在脱离滤袋表面后又随气流附着到相邻滤袋表面的现象，使滤袋清灰彻底。各排滤袋依次轮流得到清灰，待一周期后，又重新开始轮流。

（2）技术优点

脉冲布袋除尘器（图 7-3）比一般袋式除尘器清灰能力强，喷吹一次就可达到彻底清灰的目的，所以清灰周期间隔时间长，降低了清灰能耗，压气耗量也大为降低。同时，滤袋的疲劳程度相应减轻，提高了滤袋的使用寿命。

图 7-3　脉冲布袋除尘设备

7.6　木制品加工除尘技术

（1）技术介绍

对木质粉尘，通常先经沉降室捕集较大颗粒的刨花和木屑，再采用袋式除尘器捕集细颗粒尘；也可以直接采用袋式除尘器一级除尘。除尘工艺流程如图 7-4 所示。

图 7-4　木制品加工除尘工艺流程

（2）技术特点

①采用圆袋，袋间距适当加大。

②采取入口气流均布措施，避免形成不均匀上升气流。

③采用离线清灰方式。

④采取防爆防火设计，箱体设泄爆阀及自动喷淋灭火装置。

（3）技术参数

典型除尘系统的主要设计参数及设备选型如表 7-3 所示。

表 7-3　主要设计参数及设备选型

项目	设计参数及设备选型	附注
处理风量/（m³/h）	22 000	—
气体温度/℃	常温	—
除尘器选型	FB-DMC-180	防爆、防火
滤料	消静电聚酯针刺毡	80 g/m³
滤袋规格/mm	Ø 130×3 000	—
滤袋数量/条	180	—
过滤面积/m²	220	—
过滤速度/（m/min）	1.7	—
设备阻力/Pa	≤1 700	实测 1 500～1 600
风量/（m³/h）	22 500	—
全压/Pa	3 100	—
功率/kW	30	—

7.7　漆雾过滤技术

由于漆雾颗粒黏度大，易黏附在物质表面，因此可利用过滤法对漆雾进行收集处理，能去除大部分的漆雾颗粒。过滤法主要采用滤层阻留漆雾和颗粒物。滤料由高强度的连续单丝玻璃纤维组成，呈递增结构，捕捉率高，漆雾隔离效果好。漆雾过滤棉（阻漆网）弹性好，耐高温，具有一定的防火性能。常备宽度为 0.75 m、0.8 m、1 m 和 2 m，长度任意。根据污染程度定期更换或清理漆块后重复使用。对 VOCs 吸附量较小，还需进一步处理。两种过滤棉的参数如表 7-4 所示。

表 7-4　玻纤过滤棉参数

型号	PA-50	PA-100
厚度/mm	22±3	22±3
风量/（m³/h）	2 500～6 300	2 500～6 300
风压/Pa	7～40	14～60
风速/（m/s）	0.7～1.75	0.7～1.75
容漆量/（g/m²）	3 500～4 700	3 900～5 050
过滤效果/%	93～97	98～99
过滤等级	G3	G4
持续耐温/℃	150	150
瞬时耐温/℃	170	170
防火级别	DIN4102F1	DIN4102F1

7.8　VOCs 吸附技术

（1）技术介绍

吸附法是利用某些表面有微孔的具有吸附能力的物质如活性炭、硅胶、沸石分子筛、活性氧化铝等吸附有害成分而达到消除有害污染的目的。吸附效果取决于吸附剂性质（比表面积、孔径与孔隙等）、气相污染物种类和吸附系统的操作温度、湿度、压力等因素。吸附剂具有密集的细孔结构，内表面积大，吸附性能好，化学性质稳定，耐酸碱，耐水，耐高温高压，不易破碎，对空气阻力小。

吸附法的运行机理是利用吸附剂表面分子官能团具有极大的表面能，其微孔相对孔壁分子共同作用形成强大的分子场，形成较大的范德华力来捕捉、截流、过滤 VOCs 气体分子，再经过改变温度、压力，或用置换物置换等方式进行脱附再生，再经过冷凝或吸收回收挥发性有机物的方法。用吸附剂吸附回收 VOCs，按脱附和回收方法的不同，分为湿式吸附回收法和干式吸附回收法。湿式吸附回收法的脱附方法为水蒸气脱附，回收方法为冷凝回收，重力分离；干式吸附回收法的脱附方法为真空脱附，回收方法为高浓度吸附剂选择性吸收回收。

（2）技术优点

吸附法在 VOCs 的处理过程中应用极为广泛，主要用于低浓度、高流量有机废气（如含碳氢化合物废气）的净化。吸附法的优点在于去除效率高、能耗低、工艺成熟、脱附后溶剂可回收。缺点在于投资后运行费用较高且有二次污染产生，当废气中有胶粒物质或其他杂质时，吸附剂易被堵塞。

吸附法与其他净化方法的集成技术可用于治理众多行业的有机废气，在国内得到了推广应用。如采用液体吸附和活性炭吸附法联合处理高浓度可回收苯乙烯废气；采用吸附法和催化燃烧法联合处理丙酮废气等。吸附法与其他净化方法联用后不仅避免了两种方法各自的缺点，而且具有吸附效率高、无二次污染等特点。

7.9 VOCs 吸收技术

（1）技术介绍

吸收技术主要是让废气和洗涤液接触，以液体溶剂作为吸收剂，使废气中的有害成分被液体吸收，从而达到净化的目的。其吸收过程是根据有机物相似相溶原理，常采用沸点较高、蒸气压较低的柴油、煤油作为溶剂，使 VOCs 从气相转移到液相中，然后对吸收液进行解吸处理，回收其中的 VOCs，同时使溶剂得以再生。该法不仅能消除气态污染物，还能回收利用吸收剂，可用来处理气体流量为 $3\,000\sim15\,000\ \mathrm{m^3/h}$、浓度为 0.05%～0.5%（体积分数）的 VOCs，去除率可达到 95%～98%。此方法适用于高水溶性 VOCs，技术成熟，可去除气态颗粒物，对酸性气体能够高效去除，且投资成本低、占地空间小，但存在后续废水处理问题。目前，很少采用吸收法治理废气，主要原因是无合适的吸收剂可以选择。

（2）技术优点

该技术对处理大风量（$3\,000\sim150\,000\ \mathrm{m^3/h}$）、中等浓度（$500\sim5\,000\ \mathrm{mg/m^3}$）、湿度大于 50%的有机废气比较有效，而且能将污染物转化为有用产品，但溶剂吸收法吸收剂后处理投资大，对有机成分选择性大，易出现二次污染。因而在处理

VOCs 时需要选择多种不同溶剂分别进行吸收，较大增加了成本与技术复杂性。另外，有机物在吸收剂中的溶解度、有机废气的浓度、吸收器的结构形式，如填料塔、喷淋塔、液气比、温度等操作参数等均为吸收法的影响因素，任何一项发生改变将或多或少影响吸收法效用。

7.10　活性炭吸附+催化燃烧技术

该技术是采用初效过滤棉进行预过滤，然后通过滤筒除尘器进行高效除尘去除漆雾，然后利用蜂窝状活性炭吸附剂将废气中的 VOCs 捕获，当活性炭床达到饱和后进行脱附，进行催化燃烧。其工艺流程如图 7-5 所示。

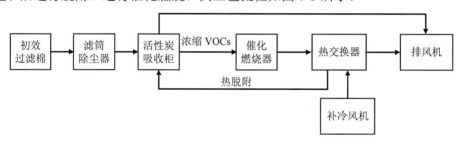

图 7-5　活性炭吸附+催化燃烧技术工艺流程

（1）初效过滤棉

喷涂废气中的液态漆雾雾滴会被拦截，并且少量的颗粒黏附在纸壁面上，不会随气流而带走，而对于空气则没有特别的阻碍，可继续运动。当空气自由通过孔洞时，粒子吸附在过滤棉上，当达到过滤饱和，手动更换初效过滤棉。

（2）滤筒除尘器

滤筒除尘器能有效过滤 0.1 μm 以上的颗粒物粉尘，效率高，能有效地拦截漆尘。采用滤筒过滤+自动反吹清灰装置，装置适用于粉尘量大、连续长期工作的流水线，每天下班操作工人将收集的粉尘清理出去进行专业处理，从而使粉尘不再污染周边环境，同时防止火灾危害。

（3）活性炭吸附柜

活性炭吸附柜的吸附技术是利用蜂窝状活性炭吸附剂将废气中的 VOCs 捕获，活性炭床达到饱和后再进行脱附使活性炭得到再生。常用的脱附方法有热气吹脱法、置换法、减压法。

（4）催化燃烧器

直接燃烧需将废气加热到 800℃，使其完全氧化成 CO_2 和 H_2O，由于燃烧温度较高，容易产生热力型氮氧化物，造成二次污染。催化燃烧在燃烧系统中加入贵金属催化剂或氧化物催化剂能使 VOCs 氧化温度降至 400℃左右，可以降低设备运行成本，抑制氮氧化物的产生。VOCs 氧化产生的热量用于热脱附活性炭吸附柜，使活性炭再生。

（5）案例介绍

该治理系统已于2015年在浙江省某台资美式家具厂内第7条生产线上投产运行，共设置两套废气收集装置，排风量为 24 000 m^3/h，主要污染物为甲苯、二甲苯，进气浓度为 230 mg/m^3，设计废气处理设备采用两用一备，每个吸附单元的设计规模为 6 000 m^3/h，其布局如图 7-6 所示。整套装置由预过滤、滤筒除尘器、吸附床、燃烧床、风机、阀门等组成。

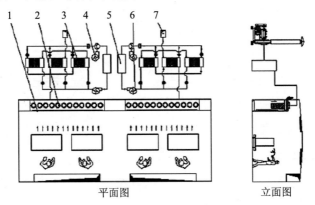

平面图　　　　　　　立面图

1—初效过滤棉；2—滤筒除尘器；3—活性炭吸附柜；4—补冷风机；
5—催化燃烧器；6—脱附风机；7—排风机及烟囱

图 7-6　废气收集装置工艺布局

在设计中滤筒除尘器的过滤风速取 1 m/min，压差 1 200 Pa 反吹清灰。本案例中采用某环保公司规格为 100 mm×100 mm×100 mm 蜂窝状活性炭，其燃点为 160℃以上。活性炭界面流速取 0.8 m/s，5 层活性炭叠加。综合考虑活性炭达到饱和工作时长、燃烧室所需温度、废气爆炸极限、工人作息等因素，按照安全高效的原则，活性炭吸附温度控制在 35℃，吸附时长为 24 h，热脱附温度为100℃，时长为 4 h。该系统使用 5 个月后的检测结果如表 7-5 所示。经涂装工人反馈，废气治理效果明显，客户满意。废气经处理后的浓度低于浙江省地方标准规定的排放限值，废气达标排放；废气处理装置的效率达到 95%，符合国家与地方标准。

表 7-5　废气处理相关数据

项目	浓度/（mg/m³）		效率/%
	进口	出口	
粉尘	650	2.6	99.6
VOCs	230	4.8	97.9

7.11　转轮浓缩蓄热式催化氧化技术

（1）技术介绍

喷漆废气和烘干废气各自经过预处理后进入集风箱进行混合，集风箱内含有温湿度调节装置，控制进入转轮的相对湿度和温度，经过集风箱后的废气由吸附风机引入沸石转轮，废气当中的有机物被沸石转轮所吸附，净化的废气进入烟囱达标排放；同时脱附风机、脱附气体加热系统开始工作，利用高温空气反向将转轮吸附的有机物脱附出来，引出其中一股废气进入沸石转轮前端，混入吸附气体中重新进入转轮进行吸附，通过进入转轮废气中的 VOCs 气体浓度高低来调节混风量的大小。

另一股高浓度废气进入 RCO 装置当中，通过蓄热体预热到 300℃左右，预热后的废气进入催化室氧化分解，放出的热量使得自身温度继续升高至 350℃左右，产生的烟气一部分进入蓄热室放热，另一部分进入脱附气体加热系统，经过脱附加热系统后的烟气进入集风箱当中的温湿度调节装置，用来降低废气的相对湿度。降温后的烟气合并到一起进入烟囱达标排放。

技术具体工艺流程如图 7-7 所示。

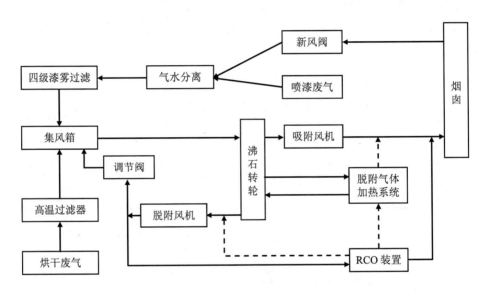

图 7-7　转轮浓缩蓄热式催化氧化技术工艺流程

（2）技术特点

该技术使用蜂窝状蓄热陶瓷，热能利用高；起燃温度低，无焰燃烧，节省能源，运行成本低；不产生 NO_x；催化剂使用寿命长；净化效率可达到 99% 以上，适用于大风量、低浓度的有机废气治理，设备见图 7-8。

图 7-8　设备照片

7.12　全过程组合治理技术

（1）水性涂料替代+干式过滤+吸附/脱附技术

该可行技术组合是预防技术+治理技术,适用于木质家具和竹藤家具等的漆雾和 VOCs 的治理。典型治理技术路线为干式过滤+活性炭吸附/脱附,后期维护需定期清理、更换过滤材料,定期更换或再生活性炭。该可行技术路线通过在源头采用原辅材料替代技术,使用水性涂料替代溶剂型涂料,降低 VOCs 的产生量;在末端采用干式过滤+吸附/脱附技术对废气进行处理,非甲烷总烃排放浓度水平可达 $10\sim20$ mg/m³。

（2）湿式除尘+干式过滤+吸附/脱附+燃烧技术

该技术组合适用于使用溶剂型涂料的大、中规模家具制造企业或集中式喷漆工厂的漆雾和 VOCs 的治理。典型治理技术路线为:①湿式除尘+干式过滤+活性炭吸附/脱附+蓄热式催化剂焚烧炉（RCO）;②湿式除尘+干式过滤+转轮吸附/脱附+蓄热式催化剂焚烧炉（RCO）,该技术投资成本高,运行成本不高。该可行技术路线通过在末端采用吸附/脱附+燃烧技术对废气进行处理，非甲烷总烃排放浓度水平可达 30～50 mg/m³。

（3）UV 固化涂料替代+辊涂/淋涂+吸附/脱附技术

该可行技术组合是预防技术+治理技术，适用于规则平整的板式家具的漆雾和 VOCs 的治理。其中，水性 UV 固化涂料需采用吸附/脱附技术，典型治理技术路线为活性炭吸附/脱附技术，后期维护需定期更换或再生活性炭；无溶剂 UV 固化涂料可不采用末端治理技术。该可行技术路线通过在源头采用原辅材料替代技术以及设备与工艺革新技术，使用 UV 固化涂料替代溶剂型涂料，辊涂/淋涂替代空气喷涂，降低 VOCs 的产生量。根据涂料类型选取是否在末端采用吸附/脱附技术，非甲烷总烃排放浓度水平可达 10～20 mg/m³。

7.13 固体废物处理与回收

（1）危险废物处理处置

家具生产中产生的危险废物有油漆残料、漆渣和废弃的溶剂等。

在喷漆过程中，有 35%～60%的漆是在喷漆过程中浪费掉的，这部分进入环境的漆料是家具厂产生的最主要的危险固体废物。在喷漆作业中设立漆雾回收屏，捕获过度喷出的喷雾并用特殊的刀片刮下来存放在箱子里，又如引入箱式排风吸雾装置、墙式干漆雾吸排装置等均能有效地控制油漆危险固体废物的排放。在喷漆过程中规范喷枪的使用操作技术也能使喷漆废物产生量最小化。

减少溶剂危险废物的措施，首先要确保溶剂容器尽可能密封，以延长溶剂的使用期和减少溶剂挥发到空气环境中的量。其次，制订油漆作业的程序，尽可能减少每日油漆颜色的更换，从而减少清洗喷枪和喷头的次数和溶剂用量，减少废溶剂的产生量。通过减少清洗时间以提高生产效率并减少在油漆和溶剂上的费用。最后，可考虑利用蒸馏设备对用过的溶剂进行蒸馏回收。加热溶剂至沸点，使溶剂蒸发出来，冷却后可回收作为洁净的产品再次使用，回收溶剂的费用比购买新的溶剂要节省很多。蒸馏后剩余的残留物可作为危险固体废物再作处置，但数量已剩不多。一般的蒸馏沸点在 40～200℃，真空蒸馏可在 140～250℃。对于易燃溶剂，蒸馏设备还必须安装防爆安全设施。

（2）木废料污染预防

木料废物主要是一些不能被重新利用的木材，包括木粉、刨花、锯屑和木板片、板头以及各种形状的纤维板等。产生木废料最大的地方是低效率、不经济的锯板和切削以及不适当的存贮操作。为了尽最大可能减少木废料的产生，要注意以下原则：

①要根据产品设计和适度生产量的需要来订购最合理的板材原料，以免不合产品需要而造成板材的浪费，避免过度订购，减少库存。如有可能，采用大数据技术，推广采用无库存生产管理模式组织生产，以减少库房管理费用和流动资金的积压。

②提高对木板材原材料的加工技术和效率。要训练工人进行有效而经济的木头切割，不断提高机械加工的技术水平。有必要重新考虑根据板材的条件合理设计产品，避免易产生废料的切割。另外，在工厂里指定一个切料中心区，那些可能有用的切下来的板料就能很容易地被回收贮存以作后用。

③要对木废料进行综合利用。首先要对所有的木废料进行筛选，筛选出有用的废料重新利用到生产线上。对于没有生产价值的废料，可以用锯屑、刨花和木板头等作为锅炉、炉窑的起火燃料或用作干燥窑的燃料。把木废料供应锅炉使用是目前比较普遍的做法，在不影响锅炉使用要求的前提下，可大大降低成本。在大吨位锅炉上使用木废料尤其经济合算，而且大吨位锅炉基本上都带有脱硫除尘装置，对于燃烧木废料产生的一些有害气体也有一定的去除效果。

参考文献

[1] 曹聪，藤冈仁，佐藤一代，等. 含苯乙烯 VOCs 废气排放控制治理案例分析[J]. 高分子材料科学与工程，2012，28（3）：183-185，190.

[2] 陈凤娜，杨旭东. 装修材料和家具对室内甲醛污染影响的研究[J]. 暖通空调，2016，46（3）：42-45.

[3] 陈海棠，阮琥，朱赛嫦. 强氧催化氧化技术在塑料废气治理中的应用[J]. 环境工程，2015，33（S1）：453-456.

[4] 陈铭. 20 世纪中国家具加工技术与设备发展研究[D]. 南京：南京林业大学，2011.

[5] 程省. 北京严控家具生产污染排放——水性漆取代传统油漆被认为是未来趋势[J]. 中国质量万里行，2015（6）：50-51.

[6] 崔金华，郭中宝，白永智. 木质家具引入的室内环境污染及防治[J]. 中国建材科技，2010，19（4）：7-10.

[7] 高博，曾毅夫，叶明强. 低温等离子体技术在废气治理中的应用[J]. 清洗世界，2017，33（8）：31-34.

[8] 高宗江. 典型工业涂装行业 VOCs 排放特征研究[D]. 广州：华南理工大学，2015.

[9] 何中华，张建辉. 家具企业实施清洁生产技术的研究[J]. 家具与室内装饰，2004（1）：30-31.

[10] 何中华. 家具涂饰环保技术的研究[D]. 武汉：中南林学院，2004.

[11] 贺长江. 美式家具喷涂废气治理[J]. 中国涂料，2017，32（3）：68-71.

[12] 洪沁，常宏宏. 家具涂装行业 VOCs 污染特征分析[J]. 环境工程，2017，35（5）：82-86.

[13] 胡祖和. 等离子体协同吸附催化净化室内甲醛的研究[D]. 合肥：安徽理工大学，2016.

[14] 加藤龙夫，黑石智彦，重田芳广. 恶臭的仪器分析[M]. 董福来等译. 北京：中国环境科学出版社，1992.

[15] 江素清. 家具产品中污染物对人体的危害[J]. 家具与室内装饰，2006（11）：27.

[16] 焦瑞. 中国石化首套低温等离子体废气治理装置运行效果明显[J]. 炼油技术与工程，2019，49（4）：59.

[17] 靖吉敏. 中国家具行业现状分析[J]. 中外企业家，2016（8）：32.

[18] 雷锡林. 木制家具生产企业污染控制问题分析[J]. 科技资讯，2012（18）：178.

[19] 李启云. VOCs催化燃烧治理技术进展[J]. 中国资源综合利用，2019，37（8）：91-93.

[20] 李锐，岳茂增，宋玉峰，等. 浅析人造板与木质家具中甲醛、TVOC释放量以及污染的降低、防范对策[J]. 绿色环保建材，2019（2）：14-15.

[21] 李英杰，李建军. 催化燃烧技术处理有机废气研究进展[J]. 山东化工，2017，46（12）：66-67，69.

[22] 李映红，牛湛. 喷淋吸收与光氧催化联合处理法治理化工有机废气工程实例[J]. 广东化工，2018，45（18）：229-230.

[23] 刘松华，周静. 光氧催化+活性炭吸附工艺应用于含异味有机废气的处理[J]. 污染防治技术，2015，28（2）：37-38.

[24] 吕子峰，郝吉明，段菁春，等. 北京市夏季二次有机气溶胶生成潜势的估算[J]. 环境科学，2009，30（4）：969-975.

[25] 罗晓良. 成品住宅中家具对室内甲醛污染影响调查分析[J]. 四川水泥，2017（11）：130.

[26] 马荣真，莫梓伟. 家具涂料的挥发性有机物排放特征及致癌风险估算[J]. 环境污染与防治，2015，37（9）：71-75，91.

[27] 欧海峰. 吸附—催化燃烧法处理喷漆废气实例[J]. 环境科学与技术，2006（4）：93-94，120.

[28] 潘锦，彭虹，吴文威，等. 家具制造企业密集区空气中VOCs污染状况及健康风险评价[J]. 环境监测管理与技术，2015，27（3）：41-44.

[29] 祁忆青，李晓菊，黄琼涛. 木家具硝基漆涂饰车间VOC排放治理[J]. 林业科技开发，2015，29（4）：11-16.

[30] 任丽. 木制家具生产过程中的环境污染与风险防范[J]. 资源节约与环保, 2015 (10): 144.

[31] 孙庆璋. 金属家具的现状及发展趋向[J]. 家具, 1989 (4): 24-26.

[32] 王迪, 赵文娟, 张玮琦, 等. 溶剂使用源挥发性有机物排放特征与污染控制对策[J]. 环境科学研究, 2019, 32 (10): 1687-1695.

[33] 王俊. 汽车涂装行业清洁生产评价指标体系研究[D]. 重庆: 重庆大学, 2014.

[34] 王平. 家具行业现状及质量状况分析[J]. 中国包装工业, 2015 (20): 94-95.

[35] 王理. 浅析我国家具行业低碳经济[J]. 林产工业, 2018, 45 (1): 56-58.

[36] 肖丽. 我国公共户外家具污染的探析[A]. Proceedings of the 2008 International Conference on Industrial Design (Volume 1) [C]. 国家知识产权局外观设计审查部, 中国机械工程学会工业设计分会: 中国机械工程学会工业设计分会, 2008: 4.

[37] 徐广锋. 家具生产中的清洁生产技术环境与健康: 河北省环境科学学会环境与健康论坛暨2008 年学术年会论文集[C]. 河北省环境科学学会, 2008: 5.

[38] 徐明, 赵李峰, 王竹槽, 等. 催化燃烧处理挥发性有机废气工程实例分析[J]. 广州化工, 2019, 47 (9): 153-155.

[39] 徐胤. 低温等离子体净化室内空气[D]. 合肥: 安徽理工大学, 2017.

[40] 薛鹏丽, 孙晓峰, 邵霞, 等. 北京市家具制造业涂料应用过程挥发性有机物排放现状及未来趋势[J]. 环境污染与防治, 2019, 41 (2): 236-239.

[41] 杨远盛. 吸附浓缩—催化燃烧法处理 VOCs 废气实例[J]. 工业设计, 2012 (2): 141-142.

[42] 姚俊冰. 莆田市家具企业发展现状及 VOCs 治理工艺探讨[J]. 绿色科技, 2018 (14): 52-53.

[43] 姚婷婷, 陈欢, 王欣, 等. 国内外家具环保要求的差异性分析[J]. 家具, 2013, 34 (5): 72-75.

[44] 尹基宇. 木质家具环境影响评价中 VOCs 源强的确定与典型污染治理措施分析[J]. 环境与发展, 2019, 31 (7): 30-31.

[45] 张嘉妮, 曾春玲, 刘锐源, 等. 家具企业挥发性有机物排放特征及其环境影响[J]. 环境科学, 2019 (7): 1-13.

[46] 张金萍, 于水静, 宋梦堃. 家具和服装市场室内甲醛和 $PM_{2.5}$ 污染水平的测试研究[J]. 建

筑科学，2016，32（6）：21-26，54.

[47] 张栖. 挥发性有机物（VOCs）治理技术研究进展及探讨[J]. 环境与发展，2019，31（7）：92-93.

[48] 张山. 北京某家具企业水性漆涂饰工艺技术研究[D]. 北京：北京林业大学，2016.

[49] 周蓓. 二十世纪中国家具发展历程研究[D]. 武汉：中南林学院，2004.

[50] 周杰. 家具行业特征及发展趋势[J]. 商场现代化，2017（12）：19-20.

[51] 朱迪迪，钱华，戴海夏，等. 我国板材家具污染物质散发状况及分析[J]. 环境科学与技术，2011，34（S1）：312-316.

[52] 朱国营. 江苏省家具行业 VOCs 排放现状及治理情况分析[J]. 广东化工，2019，46（8）：158-159.

[53] 朱美丽，周勇. VOCs 治理技术与工程应用简析[J]. 智能城市，2019，5（6）：124-125.

[54] Carter W L P. Updated Maximum Incremental Reactivity scale and hydrocarbon bin reactivities for regulatory applications[R]. Reported to California Air Resources Board Contract，2010：07-339.

[55] Dechapanya W，Russell M，Allen D T. Estimates of anthropogenic secondary organic aerosol formation in Houston，Texas special issue of aerosol science and technology on findings from the fine particulate matter supersites program[J]. Aerosol Science and Technology，2004，38（s1）：156-166.

[56] Grosjean E，Grosjean D. The reaction of unsaturated aliphatic oxygenates with zone[J]. Journal of Atmospheric Chemistry，1999，32（2）：205-232.

[57] Lv Z F，Hao J M，Duan J C，et al. Estimate of the formation potential of secondary organic aerosol in Beijing summertime[J]. Environmental Science，2009，30（4）：969-975.

[58] Yoshio N. Measurement of odor threshold by triangle odor bag method[R]. Odor Measurement Review，2004：118-127.